U0389402

马敬泽◎主编

滋养
汤煲王

吉林出版集团　吉林科学技术出版社

马敬泽 中国烹饪大师，吉林烹饪大师，国家级烹饪技师，全国餐饮业国家级评委，吉林省饭店餐饮烹饪协会副会长。曾在香格里拉大酒店任中餐行政总厨，2002年被评为香格里拉集团年度最佳总厨。2008年创办裕旺明餐饮管理公司，先后成立了陌食铭慢餐简菜馆，小马哥融合菜，小马哥面饭馆，堂主专业食堂管理机构，与社会多家餐饮企业和金融企业建立了品牌合作和人员输出。

主　　编　马敬泽
编　　委　刘立军　曹清春　峰　林　李林杰　蒋志进　孟祥宇
　　　　　崔晓东　张明亮

Foreword 前言

　　回家吃饭、做饭是一种心情，更是一种情感。

　　每天清晨做一道清淡可口的早餐，为一天的学习和工作充足电；中午时间仓促，凉菜、炒菜更为便捷，加上一杯浓浓的饮品，营养更为均衡；晚上做几道美味的家常菜肴，不仅为自己和家人储备能量，而且还可以与家人、朋友一起分享烹饪的乐趣，让生活变得更丰富多彩。

　　本着方便实用、好学易做、面向家庭的宗旨，我们为您编写了《原味小厨》系列丛书。《原味小厨》系列丛书既有介绍我国各地富有特色早餐和饮品的《营养早餐365》《健康果蔬汁365》；按照家庭常用的技法编写而成的《爽口凉菜王》《滋养汤煲王》《精美小炒王》；还有选料讲究、制作精细、味道独特的《秘制私房菜》；招待亲朋好友小聚的《美味家常菜》；面向烹饪新手的《新手入门菜》。

　　图书中介绍的每道家常菜肴，不仅取材容易、制作简便、营养合理，而且图文精美。对于一些重点菜肴中的关键步骤，还配以多幅彩图加以分步详解，可以使您能够抓住重点，快速掌握，真正烹调出美味的家常菜肴。

　　一套《原味小厨》在手，足以满足您的所有需求，教您轻松烹调出餐桌上的美味盛宴，既可以让家人"餐餐滋味好，顿顿营养全"，还可以使您从中享受到家的温馨、醇美和幸福。

目 录 *Contents*

滋养 汤煲王

★Part 1

蔬菜菌藻

田园菜头汤 ————————————— 10
西梅番茄汤 ————————————— 11
大虾炖白菜 ————————————— 11
豆泡白菜汤 ————————————— 12
小鱼莲藕蓝花汤 ————————————— 12
蟹丝芥菜汤 ————————————— 13
素烩山药 ————————————— 13
培根卷心菜汤 ————————————— 13
苦瓜番茄汤 ————————————— 14
白菜豆腐汤 ————————————— 14
肉片菜头汤 ————————————— 14
菠菜猪肝汤 ————————————— 15
肉末小土豆汤 ————————————— 15
平菇煮豆腐 ————————————— 15
鲜虾汆冬瓜 ————————————— 16
时令四季汤 ————————————— 16
清汤白菜 ————————————— 16
木瓜炖红薯 ————————————— 17
丝瓜海鲜汤 ————————————— 17
酸菜一品锅 ————————————— 18
四宝上汤 ————————————— 18
土豆汤 ————————————— 19
青笋金针汤 ————————————— 20
小虾炖南瓜 ————————————— 21
莴笋猪肝汤 ————————————— 21

鲜蘑菜松汤 ————————————— 22
翡翠松子羹 ————————————— 22
皮蛋番茄汤 ————————————— 23
肉丝酸菜粉 ————————————— 23
海鲜冬瓜羹 ————————————— 23
土豆菠菜汤 ————————————— 24
汆肉丝菠菜粉 ————————————— 24
汽锅酸菜炖烤鸭 ————————————— 24
茄子煮花甲 ————————————— 25
冬瓜炖鸡丸 ————————————— 25
莼菜蛋皮羹 ————————————— 25
金玉南瓜露 ————————————— 26
汆丸子白菜 ————————————— 26
肉渣熬白菜 ————————————— 26
上汤白菜 ————————————— 27
土豆排骨煲 ————————————— 27
小白菜粉丝汤 ————————————— 28
虾干冬瓜煲 ————————————— 28
竹荪汆鸡片 ————————————— 29
菠菜银耳羹 ————————————— 30
素菜汤 ————————————— 31
肉末蔬菜汤 ————————————— 31
萝卜煮河虾 ————————————— 32
奶汤白菜 ————————————— 32
海米菠菜汤 ————————————— 33
榨菜肉丝汤 ————————————— 33
清汤蟹味菇 ————————————— 33
鱼香茄子汤 ————————————— 34
东北汆白肉 ————————————— 34
海参汆鹅蛋菌 ————————————— 34

目录

双色萝卜丝汤 —————————— 35

冬瓜八宝汤 —————————— 35

五色蔬菜汤 —————————— 35

萝卜牛蛙汤 —————————— 36

白菜瘦肉汤 —————————— 36

海米萝卜丝汤 —————————— 36

腊肉南瓜汤 —————————— 37

山珍什菌汤 —————————— 37

豆腐丝菠菜汤 —————————— 38

蔬菜牛肉汤 —————————— 38

口蘑汤 —————————— 39

草菇木耳汤 —————————— 40

明虾白菜蘑菇汤—————————— 41

白蘑田园汤 —————————— 41

骨头白菜煲 —————————— 42

银杏蔬菜汤 —————————— 42

干贝油菜汤 —————————— 43

金针菇豆角汤 —————————— 43

健康蔬果汤 —————————— 43

毛豆莲藕汤 —————————— 44

地瓜荷兰豆汤 —————————— 44

白菜叶汤 —————————— 44

黄花菜萝卜薏米汤 —————————— 45

黑芝麻莲藕汤 —————————— 45

杞子南瓜汤 —————————— 45

三色蔬菜奶汤 —————————— 46

芥菜山药汤 —————————— 46

油菜玉米汤 —————————— 46

银杏芋头鱼肚汤—————————— 47

时蔬松菌煲鸡肾 —————————— 47

竹荪口蘑汤 —————————— 48

芹菜叶土豆汤 —————————— 48

★Part 2 美味畜肉

莲藕黄豆排骨汤—————————— 50

苹果百合牛肉汤—————————— 51

羊肉冬瓜汤 —————————— 51

砂煲独圆 —————————— 52

猪蹄花生汤 —————————— 52

香芋煮肉块 —————————— 53

山楂萝卜羊肉煲—————————— 53

黄豆猪蹄汤 —————————— 53

牛肉番茄汤 —————————— 54

什锦烩蹄筋 —————————— 54

木耳肉丝汤 —————————— 54

羊肉佘瓜片 —————————— 55

土豆排骨汤 —————————— 55

党参龙骨汤 —————————— 55

萝卜海带煲牛肉—————————— 56

莲藕骨头汤 —————————— 56

白菜香菇蹄花汤—————————— 56

当归生姜炖羊肉—————————— 57

海参排骨煲 —————————— 57

羊肉洋葱汤 —————————— 58

豆芽煲排骨 —————————— 58

滋补狗肉汤 —————————— 59

雪耳肉片汤 —————————— 60

玉米猪蹄煲 —————————— 61

桃仁炖猪腰 —————————— 61

牛肉杂菜汤 —————————— 62

南瓜牛肉汤 —————————— 62

彩玉煲排骨 —————————— 63

牛膝炖蹄筋 —————————— 63

肉丝黄豆汤 —————————— 63

红枣莲藕猪蹄汤—————————— 64

莲藕炖牛腩 —————————— 64

雪菜牛肉汤 —————————— 64

猪肚莲藕汤 —————————— 65

烧汁鸽蛋牛肉汤—————————— 65

凉瓜黄豆煲排骨—————————— 65

鹿肉烩土豆 —————————— 66
半汤兔肉块 —————————— 66
酥肉烩杂蘑 —————————— 66
氽丸子 ————————————— 67
羊肉圆菠菜汤 ————————— 67
百合炖猪蹄 —————————— 68
腐竹羊肉煲 —————————— 68
榨菜牛肉汤 —————————— 69
醋椒丸子汤 —————————— 70
当归炖羊肉 —————————— 71
白肉血肠 ——————————— 71
冬瓜炖排骨 —————————— 72
莲藕炖猪尾 —————————— 72
红枣炖兔肉 —————————— 73
牛筋炖双萝 —————————— 73
兔肉炖土豆 —————————— 73
胡萝卜炖牛腩 ————————— 74
萝卜煮肉丸 —————————— 74
川东酥肉 ——————————— 74
灵芝炖猪蹄 —————————— 75
肉丸粉丝汤 —————————— 75
薏米炖牛肚 —————————— 75
海带豆腐排骨汤 ——————— 76
猪肝黄豆汤 —————————— 76
沙茶牛肉锅 —————————— 76
发菜汤泡肚 —————————— 77
慈姑排骨汤 —————————— 77
葱烧猪蹄汤 —————————— 78
番茄排骨汤 —————————— 78
蛋蓉牛肉羹 —————————— 79
金菇肥牛汤 —————————— 80
香油腰花煲 —————————— 81

双菇炖大肠 —————————— 81
酸辣牛筋汤 —————————— 82
胡萝卜煲排骨 ————————— 82
清炖排骨汤 —————————— 83
冬笋肉皮煲 —————————— 83
萝卜排骨汤 —————————— 83
参归猪肝煲 —————————— 84
牛腩炖山药 —————————— 84
咸菜牛肉 ——————————— 84
牛腩萝卜汤 —————————— 85
牛肉炖干豆角 ————————— 85
海带炖牛肉 —————————— 85
金针排骨汤 —————————— 86
罗汉果煲猪蹄 ————————— 86
干豆角炖排骨 ————————— 86
黄精瘦肉汤 —————————— 87
沙茶羊肉煲 —————————— 87
苦瓜排骨汤 —————————— 88
粟米炖排骨 —————————— 88

目录

★Part 3
禽蛋豆制品

白玉双菌汤 —————————— 90
鸽肉萝卜汤 —————————— 91
白果腐竹炖乌鸡 ——————— 91
红焖香辣鸡块 ————————— 92
陈皮老鸭蘑菇汤 ——————— 92
全鸡清汤 ——————————— 93
鸡爪冬瓜汤 —————————— 93
首乌鸭肝汤 —————————— 93
当归红花鸡汤 ————————— 94
人参乌鸡汤 —————————— 94
核桃百合煲乳鸽 ——————— 94
香菇时蔬炖豆腐 ——————— 95
金针鸡肉汤 —————————— 95
乌骨鸡莼菜汤 ————————— 95
西洋菜煲鸡肾 ————————— 96
山药莲子煲乌鸡 ——————— 96

豆豉葱白炖鸡腿—————————— 96
老鸭烩土豆 ———————————— 97
凤爪胡萝卜汤 ————————— 97
鸡汤烩菜青 —————————— 98
五珍养生鸡 —————————— 98
什锦蛋丁汤 —————————— 99
豌豆鸡丝汤 ————————— 100
枸杞鸡肝汤 ————————— 101
酸辣鸡蛋汤 ————————— 101
鸡肉丸子汤 ————————— 102
空心菜豆腐汤 ————————— 102
菜胆炖仔鸡 ————————— 103
莲蓬豆腐汤 ————————— 103
煎豆腐汆菠菜 ————————— 103
鸡肉炖冬瓜 ————————— 104
木耳炖豆腐 ————————— 104
核桃炖乳鸽 ————————— 104
豆豉炖鸡腿 ————————— 105
高丽参炖鸡 ————————— 105
银耳炖双鸽 ————————— 105
银耳炖乳鸽 ————————— 106
银耳鸽蛋汤 ————————— 106
鱼末肉粒豆腐煲 ————————— 106
虾米豆腐羹 ————————— 107
荔芋香鸭煲 ————————— 107
三色豆腐羹 ————————— 108
桂花鸭煲 ———————————— 108
绣球燕菜汤 ————————— 109
毛豆粒豆腐汤 ————————— 110
笋干老鸭煲 ————————— 111
大枣乌鸡煲 ————————— 111
虫草炖乳鸽 ————————— 112
番茄翅根汤 ————————— 112
香菇鸡脚汤 ————————— 113
栗子煲鸡汤 ————————— 113
桂圆山药炖大鹅—————————— 113
蛋黄豆腐煲 ————————— 114
干贝云丝豆腐汤————————— 114
腐皮鸡蛋汤 ————————— 114
天目土鸡砂锅 ————————— 115
蚌肉炖老鸭 ————————— 115

虫草炖鹌鹑 ———————————— 115
黑木耳豆腐汤 ——————————— 116
白玉豆腐汤 ————————————— 116
羊杂炖豆腐皮 ——————————— 116
番茄烩鸡腰 ————————————— 117
牛肝菌煲鸡爪 ——————————— 117
淮山虫草乌鸡汤————————— 118
板栗炖仔鸡 ————————————— 118
鸡丝蜇头汤 ——————————— 119
海带鸭舌汤 ——————————— 120
荷兰豆煮豆干 ——————————— 121
鹌鹑煲海带 ——————————— 121
干香菇煲鸡 ——————————— 122
虫草花鹌鹑汤 ——————————— 122
圆白菜烩豆腐 ——————————— 123
人参枸杞煲乳鸽————————— 123
四珍煲老鸭 ——————————— 123
山药豆腐汤 ————————————— 124
大鹅烩时蔬 ——————————— 124
苋菜豆腐煲 ——————————— 124
黄豆芽豆腐汤 ——————————— 125
发菜豆腐汤 ——————————— 125
清汤竹荪炖鸽蛋————————— 125
豆腐松茸汤 ——————————— 126
豆芽海带豆腐汤————————— 126
泰山豆腐花 ——————————— 126
酸辣豆皮汤 ——————————— 127
香菇鹌鹑煲 ——————————— 127
干贝豆腐汤 ————————————— 128
双冬豆皮汤 ————————————— 128

目录

★ Part 4

鲜香水产

龙井捶虾汤 ——————————— 130
海参汤 ————————————— 131
蛤蜊瘦肉海带汤——————————— 131
莴笋海鲜汤 ————————————— 132
翅汤银鳕鱼 ————————————— 132
银鳕鱼木瓜汤 ———————————— 133
田螺汤 ————————————— 133
鲢鱼丝瓜汤 ————————————— 133
蚝汁滚鱼汤 ————————————— 134
双宝海参汤 ————————————— 134
鱼肉羹 ————————————— 134
香辣鱿鱼汤 ————————————— 135
翡翠鱼圆汤 ————————————— 135
螃蟹瘦肉冬瓜汤 ——————————— 135
鲤鱼苦瓜汤 ————————————— 136
鳕鱼薯块洋葱汤——————————— 136
百合扇贝蘑菇汤 ——————————— 136
家常带鱼煲 ————————————— 137
浓汤裙菜煮鲈鱼——————————— 137
黄豆芽沙丁鱼 ———————————— 138
冬菜煲银鳕鱼 ———————————— 138
西施玩月 ————————————— 139
莼菜汆鱼片 ————————————— 140
鲜贝丸子汤 ————————————— 141
酸菜炖梅鱼 ————————————— 141
飞蟹粉丝煲 ————————————— 142
雪菜黄豆炖鲈鱼——————————— 142
番茄柠檬炖鲫鱼——————————— 143

带鱼煮南瓜 ——————————— 143
豆角香芋煮海兔——————————— 143
墨鱼烩肉丸 ——————————— 144
三鲜烩海参 ——————————— 144
鲫鱼汆豆腐 ——————————— 144
小龙虾带子汤 —————————— 145
海鲜烩菌菇 ——————————— 145
木瓜鲫鱼汤 ——————————— 145
拆烩鲢鱼头 ——————————— 146
露笋煮鳝鱼 ——————————— 146
青瓜煮鱼圆 ——————————— 146
蓝花蛏肉汤 ——————————— 147
草菇海鲜汤 ——————————— 147
清汤花蛤 ————————————— 148
参芪鱼头煲 ——————————— 148
灌蟹鱼圆 ————————————— 149
烩乌鱼蛋 ————————————— 150
鱼汤汆北极贝 —————————— 151
清汤鲍鱼丸 ——————————— 151
赤豆炖鲤鱼 ——————————— 152
烩酸辣鱼丝 ——————————— 152
鱼头豆腐汤 ——————————— 153
冬瓜炖鱼尾 ——————————— 153
圆肉炖甲鱼 ——————————— 153
牡丹汆鱼片 ——————————— 154
鲈鱼汤 ————————————— 154
银鱼豆腐羹 ——————————— 154
清汤鲍鱼 ————————————— 155
砂锅炖鱼头 ——————————— 155
酱汁鲜鱼汤 ——————————— 155
红枣甲鱼汤 ——————————— 156
苦瓜带鱼汤 ——————————— 156
泥鳅钻豆腐 ——————————— 156
人参枸杞炖鳗鱼—————————— 157
玉米枸杞煲鱼头—————————— 157
鲫鱼豆芽汤 ——————————— 158
奶汤鲤鱼 ————————————— 158
蛤蜊蛋汤 ————————————— 159

目录

本书计量单位：
1大匙=15克　　1小匙=5克　　1杯=240毫升

Part 1
蔬菜菌藻

《滋养汤煲王》

田园菜头汤

时间 20分钟 口味 咸香

原料 鲜青菜头500克，咸肉75克。

调料 葱花少许，老姜适量，精盐、鸡精各1小匙，味精、胡椒粉各1/3小匙，鲜汤1000克，熟猪油4小匙。

制作步骤 Method

1. 咸肉用温水刷洗干净，擦净水分，切成大片，放入沸水锅中焯烫一下去咸味，捞出沥水。

2. 鲜青菜头去根，削去外皮，去掉筋络，用清水洗净，切成滚刀块。

3. 放入碗中，加入少许精盐拌匀，腌渍30分钟，再放入清水中漂净，捞出沥水；老姜洗净，拍破。

4. 锅置火上，加入熟猪油烧热，先下入老姜煸炒出香味，再注入鲜汤，放入咸肉片和青菜头块烧沸，撇去浮沫。

5. 然后加入精盐、胡椒粉、味精、鸡精调好口味，转小火煮至青菜头熟而入味，出锅装碗，撒上葱花即成。

西梅番茄汤

时间 **20**分钟　口味 **酸甜**

原料 小西红柿100克，银杏30粒，小西梅10粒。

调料 白糖1大匙，蜂蜜1小匙，洋酒2大匙。

制作步骤 *Method*

1 将西梅去核，用清水洗净；银杏去壳，洗净；小西红柿去蒂，洗净。

2 坐锅点火，加入适量清水烧沸，先放入白糖、西梅、银杏煮约10分钟。

3 再加入小西红柿续煮3分钟，关火后倒入大碗中，淋入蜂蜜、洋酒调匀即可。

大虾炖白菜

时间 **25**分钟　口味 **鲜香**

原料 白菜500克，大虾200克，香菜段30克。

调料 葱段、葱花、姜片各5克，精盐1/2小匙，胡椒粉少许，香油1小匙，植物油2大匙，高汤适量。

制作步骤 *Method*

1 将大虾去沙袋、沙线，剪去虾枪、虾须和虾腿，洗净；大白菜去掉老帮留菜心，洗净，用刀拍一下，再切成劈柴块。

2 锅中加入植物油烧热，下入葱花炒香，再放入白菜块煸炒至软，盛出。

3 锅中加入植物油烧热，先下入葱段、姜片炒出香味，再放入大虾两面略煎，用手勺压出虾脑。

4 烹入料酒，加入适量高汤烧沸，然后放入白菜块，转小火炖至菜烂虾熟，撒入胡椒粉、香菜段，淋入香油，盛入大碗中即可。

豆泡白菜汤

时间	口味
20分钟	咸香

原料 大白菜200克，豆腐泡100克。

调料 精盐、鸡精各2小匙，味精1小匙，清汤适量，大酱4小匙。

制作步骤 *Method*

1 将白菜去根，洗净，切成3厘米长的段，宽的菜叶从中间切开。

2 豆腐泡用热水洗净余油，切成厚片；大酱放入碗中，加入少许清汤调稀。

3 锅置火上，加入清汤烧沸，先放入白菜段、豆泡片煮熟。

4 再加入调好的大酱、精盐煮2分钟至入味，然后加入鸡精、味精，盛入汤碗中即可。

小鱼莲藕蓝花汤

时间	口味
30分钟	鲜香

原料 西蓝花200克，鲜莲藕150克，小鱼干100克。

调料 姜末少许，精盐、鸡精各1/2小匙，酱油1大匙，料酒、植物油各2大匙，高汤1500克。

制作步骤 *Method*

1 将小鱼干用温水泡软，洗净，沥干；莲藕去皮、去藕节，洗净，切成薄片；西蓝花洗净，掰成小朵。

2 锅中加入植物油烧热，先下入姜末炒香，再放入莲藕、西蓝花、料酒、酱油翻炒均匀。

3 添入高汤烧沸，然后加入精盐、鸡精煮至入味，即可出锅装碗。

蟹丝芥菜汤

时间	口味
15分钟	鲜香

原料 芥菜200克，蟹足棒150克。

调料 葱末、蒜末各少许，精盐、姜汁各1小匙，浓缩鸡汁1/2小匙，料酒1大匙，柴鱼高汤1500克，植物油2大匙。

制作步骤 Method

1 将蟹足棒解冻，先切成小段，再切成细丝；芥菜择洗干净，切成小段。

2 锅置火上，加入植物油烧热，先下入葱末、蒜末炒香，再放入芥菜段翻炒片刻。

3 然后添入柴鱼高汤，放入蟹足丝，加入鸡汁、姜汁、料酒、精盐煮沸，即可出锅装碗。

素烩山药

时间	口味
25分钟	清香

原料 山药片200克，豌豆夹80克，地瓜片50克，花菇30克，胡萝卜1根。

调料 葱末、姜末、蒜末各5克，八角1粒，精盐、香醋各少许，鸡汁1大匙，植物油2大匙。

制作步骤 Method

1 花菇用清水泡软，洗净，剞上十字花刀；胡萝卜洗净，切成凤尾花刀；豌豆夹择洗干净，切成段。

2 锅中加入植物油烧热，下入葱末、姜末、蒜末、八角炒香，烹入香醋，加入适量清水烧沸。

3 然后放入所有原料，用中火烩至熟烂，加入精盐、鸡汁煮至入味，出锅装碗即可。

培根卷心菜汤

时间	口味
20分钟	咸鲜

原料 卷心菜200克，培根150克，小西红柿、山药各50克。

调料 姜丝、精盐、味精各少许，料酒1大匙。

制作步骤 Method

1 将培根洗净，切成3厘米长的片；小西红柿去蒂，洗净，切成两半。

2 卷心菜洗净，切成块；山药去皮，洗净，切成薄片，放入清水中浸泡，捞出沥水。

3 锅置火上，加入适量清水烧沸，放入培根、小西红柿、卷心菜、山药、姜丝。

4 再加入精盐、味精、料酒煮15分钟，出锅装碗即可。

苦瓜番茄汤

时间 25分钟 | 口味 酸香

【原料】苦瓜200克，西红柿100克，土豆、胡萝卜各50克，洋葱15克。

【调料】精盐、鸡精各1小匙，植物油2大匙。

制作步骤 Method

1. 苦瓜洗净，剖开去籽，切成小段；西红柿去蒂，洗净，切成小块。

2. 土豆去皮，洗净，切成滚刀块；胡萝卜、洋葱分别洗净，去皮，均切成片。

3. 坐锅点火，加入植物油烧热，先下入洋葱片、土豆块略炒，再放入西红柿炒软。

4. 然后添入适量清水烧沸，加入胡萝卜、苦瓜、精盐、鸡精煮至入味，即可出锅装碗。

白菜豆腐汤

时间 20分钟 | 口味 鲜香

【原料】白菜(娃娃菜)300克，卤水豆腐1块，猪肉馅100克。

【调料】蒜蓉5克，精盐1小匙，胡椒粉、米醋各少许，料酒、水淀粉各1大匙，猪骨汤适量。

制作步骤 Method

1. 将白菜去根，洗净，切成块，放入沸水锅中焯烫一下，捞出沥水；卤水豆腐切成小块。

2. 锅置火上，加入猪骨汤烧沸，放入白菜块、豆腐块、猪肉馅略煮。

3. 再加入精盐、料酒、米醋煮至入味，用水淀粉勾薄芡，撒入胡椒粉、蒜蓉调匀，出锅装碗即可。

肉片菜头汤

时间 15分钟 | 口味 清香

【原料】菜头200克，猪瘦肉片75克。

【调料】精盐1小匙，胡椒粉、味精各1/2小匙，水淀粉2小匙，熟猪油1大匙，鲜汤500克。

制作步骤 Method

1. 猪肉片放入碗中，加入水淀粉、精盐拌匀；菜头择洗干净，切成长条厚片。

2. 锅置旺火上，加入鲜汤烧沸，先放入菜头片煮至熟软，再加入精盐、味精、胡椒粉调好口味。

3. 然后放入猪肉片煮至刚熟，淋入少许熟猪油推匀，出锅装碗即成。

菠菜猪肝汤 时间 15分钟 口味 清香

原料》 菠菜350克, 猪肝150克。

调料》 大葱1根, 姜丝少许, 精盐适量。

制作步骤 Method

1 将猪肝洗涤整理干净, 切成片; 菠菜择洗干净, 切成两段; 大葱泽洗干净, 切成段。

2 锅置旺火上, 加入适量清水烧沸, 先放入猪肝片烧煮至沸, 撇去浮沫。

3 再放入菠菜段、姜丝、大葱段煮沸, 然后加入精盐调好口味, 出锅装碗即成。

肉末小土豆汤 时间 30分钟 口味 鲜香

原料》 小土豆300克, 猪肉馅200克, 荷兰豆50克, 洋葱30克。

调料》 姜丝少许, 精盐1小匙, 鸡精1/2小匙, 料酒1大匙, 植物油2大匙。

制作步骤 Method

1 将土豆去皮, 洗净, 切成小块; 荷兰豆洗净, 切成菱形片; 洋葱去皮, 洗净, 切成碎粒。

2 锅中加油烧热, 先下入洋葱末、姜丝、猪肉馅、料酒翻炒片刻, 添入适量清水烧沸。

3 再放入土豆、精盐、鸡精煮至土豆熟软, 然后加入荷兰豆续煮10分钟, 即可出锅装碗。

平菇煮豆腐 时间 25分钟 口味 香浓

原料》 平菇200克, 内酯豆腐1盒, 冬瓜100克。

调料》 葱末、姜末各少许, 精盐、料酒各1小匙, 酱油1/2小匙, 蘑菇浓汤、植物油各适量。

制作步骤 Method

1 将平菇洗净, 撕成大片; 冬瓜去皮, 洗净, 切成滚刀块; 豆腐洗净, 沥水, 片成大片, 再放入热油锅中煎至两面金黄色, 取出沥油。

2 锅置火上, 加入植物油烧热, 先放入豆腐片、平菇、冬瓜片、酱油炒匀。

3 再加入葱末、姜末、料酒、蘑菇浓汤、精盐煮至熟烂, 淋入香油, 出锅装碗即可。

鲜虾汆冬瓜

（原料） 冬瓜200克，猪瘦肉150克，鲜虾100克，豌豆粒50克。

（调料） 精盐、白胡椒粉各适量。

（制作步骤）*Method*

1 冬瓜去皮、去瓤，洗净，切成三角块；鲜虾去虾头、虾壳，洗净；豌豆粒洗净，沥去水分。

2 将猪瘦肉洗净，切成小块，放入沸水锅中焯烫一下，捞出沥水。

3 锅置火上，加入适量清水烧沸，先放入冬瓜块、猪肉块稍煮。

4 再放入豌豆粒、鲜虾汆烫至熟，然后加入精盐、白胡椒粉调匀，出锅装碗即可。

时令四季汤 时间25分钟 口味 鲜香

（原料） 大白菜200克，鳜鱼骨150克，腐竹100克，干虾仁50克，枸杞子10克。

（调料） 葱花5克，精盐1小匙，味精、葱油各少许，高汤适量。

（制作步骤）*Method*

1 大白菜洗净，切成条；鳜鱼骨洗净，剁成段，再放入沸水锅中焯水，捞出沥水。

2 腐竹、干虾仁、枸杞子分别用热水泡开，洗净，腐竹切成段。

3 锅中加入高汤烧沸，放入原料、调料煮5分钟，淋入葱油，撒上葱花，出锅装碗即成。

清汤白菜 时间15分钟 口味 鲜香

（原料） 黄秧白菜心750克。

（调料） 精盐、料酒各1小匙，胡椒粉少许，特级清汤850克。

（制作步骤）*Method*

1 将白菜心洗净，入锅煮至八分熟，捞出洗净，整齐地摆入蒸碗中。

2 再加入胡椒粉、料酒、少许精盐和特级清汤100克，放入蒸锅中蒸5分钟，取出，码放入大碗中。

3 锅中加入特级清汤、胡椒粉、料酒、精盐烧沸，倒入白菜碗中即成。

木瓜炖红薯

时间 30分钟　口味 香甜

原料 红薯300克，木瓜100克，银耳、杏仁各50克。
调料 白糖1/2小匙，蜂蜜1大匙。

制作步骤 Method

1 将红薯去皮，洗净，切成滚刀块；木瓜去皮、去籽，洗净，切成块；银耳泡发，择洗干净。

2 砂锅置火上，放入红薯块、银耳，加入适量清水、白糖烧沸，炖煮10分钟。

3 再放入木瓜块、杏仁续煮10分钟，然后加入适量白糖调味。

4 出锅盛入碗中晾凉，食用时加入蜂蜜拌匀，即可上桌食用。

丝瓜海鲜汤

时间 20分钟　口味 鲜香

原料 丝瓜1根，鲜虾8个，香菜段少许。
调料 精盐、料酒、胡椒粉、蛋清、淀粉、鸡精、香油、海鲜酱、腐乳汁、高汤各适量。

制作步骤 Method

1 将鲜虾去皮，挑除沙线，洗净，挤干水分，加入精盐、料酒、鸡精、蛋清、淀粉拌匀上浆，再放入冰箱中冷藏10分钟，取出。

2 丝瓜去皮，洗净，切成0.5厘米厚的圆片，挖去籽，制成瓜环片，将虾逐个穿入瓜环中。

3 炒锅置火上，加入高汤烧开，先放入穿好的虾环，再加入精盐、料酒、胡椒粉、鸡精调好口味，煮至虾环断生，捞出，放入碗中。

4 锅中汤汁加入香油、香菜段煮开，浇在虾环上，食用时蘸海鲜酱和腐乳汁调成的酱汁即可。

酸菜一品锅

时间 **30**分钟 | 口味 **鲜酸**

原料 酸菜400克,熟五花肉片、冻豆腐各100克,河蟹1只,血肠、虾仁、蚬黄、水发粉丝各适量。

调料 葱段、姜丝各10克,八角2粒,精盐、味精、鸡精、胡椒粉、香油、熟猪油各适量,鲜汤1000克。

制作步骤 Method

1. 酸菜洗净,攥干,切成细丝;冻豆腐化开,切成长条;血肠切片;河蟹去爪尖、内脏,洗净。

2. 锅中加入熟猪油烧热,先下入葱段、姜片、八角炒香,再放入酸菜丝煸炒,倒入砂锅中。

3. 然后加入鲜汤、五花肉片烧沸,转小火炖20分钟,放入虾仁、河蟹、冻豆腐烧沸,加入蚬黄、粉丝、血肠、调料烧至入味,装碗即可。

四宝上汤

时间 **30**分钟 | 口味 **鲜香**

原料 金针菇、香菇各200克,水发海参、猪里脊肉各100克,大白菜1/2棵。

调料 姜片20克,葱段10克,精盐适量,味精1/2小匙,水淀粉少许,料酒1小匙,高汤400克。

制作步骤 Method

1. 海参洗净,放入清水锅中,加入葱段、姜片、料酒焯煮一下,捞出过凉,切成片;金针菇去根,洗净,放入淡盐水锅中焯烫一下,捞出沥水。

2. 猪里脊肉洗净,切成片,加入精盐、水淀粉拌匀,腌约10分钟,再入锅汆烫一下,捞出。

3. 香菇去蒂,洗净;大白菜洗净,入锅烫软,捞出,切成段。

4. 将海参、金针菇、猪里脊肉、香菇、白菜段摆放入大汤碗中,再加入精盐、味精。

5. 倒入烧沸的高汤,然后放入蒸锅中蒸约10分钟,取出上桌即可。

土豆汤

时间 **45分钟** 口味 **清香**

原料 土豆150克,干海带、洋葱各50克,水发海米10克。

调料 精盐、味精、高汤、植物油各适量。

制作步骤 *Method*

1 干海带放入蒸锅内,用旺火蒸30分钟,取出,用清水浸泡并洗净,切成细丝。

2 锅置火上,加入清水烧沸,放入海带丝煮3分钟,捞出沥水。

3 洋葱剥去外皮,洗净,切成碎粒;土豆削去外皮,用清水浸泡后洗净,切成细丝。

4 放入盆中,加入适量清水和少许精盐浸泡片刻,捞出沥水。

5 锅置火上,加入植物油烧热,下入洋葱末炒香,添入高汤和海米烧沸,撇去浮沫。

6 再放入土豆丝和海带丝稍煮片刻,然后加入精盐、味精煮至入味,出锅装碗即成。

青笋金针汤

时间	口味
25分钟	酸辣

原料 鲜金针菇150克，莴笋100克，豆干、水发香菇各50克，香菜段15克，鸡蛋1个。

调料 姜丝、精盐、味精、胡椒粉、酱油、黑醋、水淀粉、植物油各适量，鲜汤1000克。

制作步骤 *Method*

1. 金针菇放入淡盐水中浸泡片刻，洗净，去蒂，切成小段。

2. 锅置火上，加入清水烧沸，放入金针菇焯烫一下，捞出沥干。

3. 莴笋、香菇分别洗涤整理干净，均切成丝；豆干片薄，再切成丝。

4. 锅置火上，加入清水烧沸，放入莴笋丝、香菇丝和豆干丝略焯，捞出沥水；鸡蛋磕入碗中，用筷子搅散成鸡蛋液。

5. 锅中加入植物油烧至六成热，先下入姜丝炒出香味，添入鲜汤，加入酱油、精盐、味精烧沸。

6. 再放入金针菇、豆干丝、香菇丝和莴笋丝煮沸，加入胡椒粉调匀，用水淀粉勾芡，淋入黑醋。

7. 撇去浮沫，然后淋入鸡蛋液，出锅盛入碗中，撒上香菜段即成。

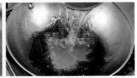

小虾炖南瓜

时间 25分钟 **口味** 香甜

原料 南瓜400克,小河虾50克。

调料 葱花、姜片各15克,精盐、鸡精各1/2小匙,料酒1小匙,植物油1大匙,猪骨汤300克。

制作步骤 *Method*

1 将南瓜去皮及瓤,洗净,切成小块;小河虾用清水漂洗干净,沥去水分。

2 坐锅点火,加入植物油烧热,先下入葱花、姜片炒出香味,再放入南瓜块、小河虾煸炒片刻。

3 然后烹入料酒,添入猪骨汤,加入精盐、鸡精烧沸,转小火炖至汤汁浓稠,即可出锅装碗。

莴笋猪肝汤

时间 15分钟 **口味** 鲜香

原料 莴笋尖200克,鲜猪肝150克,水发粉条50克,水发黄花菜25克。

调料 葱花25克,姜末15克,精盐1小匙,味精少许,水淀粉75克,熟猪油1大匙。

制作步骤 *Method*

1 猪肝撕去筋膜,洗净,切成薄片,放入碗中,加入水淀粉、少许精盐拌匀上浆;粉条、黄花菜洗净,沥干;莴笋尖洗净,切成薄片。

2 锅置火上,加入熟猪油烧热,先下入姜末、黄花菜、莴笋尖稍炒。

3 再加入适量清水、粉条、精盐、味精烧沸,然后放入猪肝片煮至熟嫩,盛入碗中,撒上葱花即可。

鲜蘑菜松汤

时间 **15分钟**　口味 **香麻**

原料　鲜香菇5朵，青菜心3棵。

调料　花椒15粒，精盐、酱油各2小匙，味精1小匙，水淀粉4小匙，香油3大匙，高汤500克。

制作步骤　Method

1. 青菜心择洗干净，放入沸水锅中焯烫一下，捞出漂凉，挤干水分，切成3厘米长的段。

2. 鲜香菇去蒂，洗净，切成薄片，放入沸水锅中焯烫一下，捞出沥水。

3. 锅置火上，加入高汤、酱油、精盐、蘑菇片和青菜段烧沸，调入味精，用水淀粉勾芡，倒入汤碗中。

4. 锅中加入香油烧至五成热，放入花椒炸糊后捞出，花椒油倒入汤碗中即可。

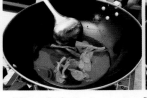

翡翠松子羹

时间 **20分钟**　口味 **香甜**

原料　菜花600克，松子仁75克，芹菜末50克。

调料　精盐1/3小匙，白糖1/2大匙，水淀粉3大匙，高汤120克。

制作步骤　Method

1. 将松子仁洗净，沥干，放入锅中，用小火炒至金黄色，盛出晾凉。

2. 菜花洗净，切成小块，放入打汁机中，加入适量清水打碎取汁。

3. 锅中加入高汤和菜花汁，用小火慢慢煮匀，再加入精盐、白糖调味，用水淀粉勾芡。

4. 然后撒入松子仁和芹菜末稍煮，即可出锅装碗。

皮蛋番茄汤 时间 10分钟 口味 酸香

原料 西红柿150克, 松花蛋2个, 香菜段少许。

调料 葱花、姜末各5克, 精盐、味精各1/2小匙, 胡椒粉、香油各适量。

制作步骤 Method

1 将皮蛋去壳, 洗净, 切成小瓣; 西红柿去蒂, 洗净, 切成小片。

2 坐锅点火, 添入适量清水, 先放入皮蛋瓣、西红柿片, 加入胡椒粉、精盐、味精烧沸。

3 再用大火续煮1分钟, 盛入大碗中, 撒上葱花、姜末、香菜段即成。

肉丝酸菜粉 时间 15分钟 口味 酸香

原料 酸菜150克, 猪肉、水发粉丝各75克, 水发海米20克, 香菜段10克, 咸香菜、咸韭菜各适量。

调料 精盐、味精、花椒水、料酒各适量, 高汤1000克, 熟猪油2大匙。

制作步骤 Method

1 将猪肉洗净, 切成丝; 酸菜去老帮, 洗净, 切成丝, 再用清水洗净, 挤净水分; 咸香菜、咸韭菜均切成碎末; 粉丝剪成长段。

2 锅中加油烧热, 先放入猪肉丝略炒, 再烹入料酒, 添入高汤, 放入酸菜丝、粉丝、海米。

3 加入花椒水、精盐、咸香菜末、咸韭菜末烧煮6分钟, 加入味精, 撒上香菜段, 装碗即可。

海鲜冬瓜羹 时间 15分钟 口味 鲜香

原料 冬瓜1/5个, 虾仁、鲜贝、芥蓝片各50克。

调料 精盐、香油各1/2小匙, 鸡精、胡椒粉各少许, 水淀粉2大匙, 高汤650克。

制作步骤 Method

1 冬瓜去皮及瓤, 洗净, 切成小块, 放入榨汁机中打成蓉状, 再放入蒸锅中蒸熟, 取出。

2 虾仁去沙线, 洗净, 切成小丁; 鲜贝洗净, 与芥蓝片一起放入沸水锅中焯透, 捞出沥水。

3 锅置火上, 加入高汤烧沸, 先下入冬瓜蓉、虾仁、鲜贝、芥蓝片略煮。

4 再加入精盐、鸡精调味, 然后用水淀粉勾薄芡, 撒入胡椒粉, 淋入香油, 出锅装碗即可。

土豆菠菜汤

时间	口味
15分钟	鲜香

原料 土豆1个，菠菜3棵。

调料 葱花、姜块各10克，精盐、味精各1/2小匙，植物油3大匙，鲜汤适量。

制作步骤 *Method*

1 将土豆去皮，洗净，切成丝；菠菜择洗干净，放入开水锅中焯烫一下，捞出沥水，切成段；姜块洗净，拍破。

2 净锅置火上，加入鲜汤，放入土豆丝、姜块、植物油稍煮。

3 再放入菠菜段，加入味精、精盐煮至入味，撒入葱花，出锅装碗即可。

余肉丝菠菜粉

时间	口味
10分钟	清香

原料 菠菜、猪瘦肉各150克，粉丝30克。

调料 葱段5克，味精少许，精盐、香油各1/2小匙，酱油1小匙，肉汤500克。

制作步骤 *Method*

1 将猪瘦肉洗净，切成细丝；菠菜择洗干净，沥去水分，切成段；粉丝用温水泡好，剪成小段。

2 锅置火上，加入肉汤烧沸，先放入猪肉丝、菠菜段、粉丝略煮。

3 再加入酱油、葱段、精盐，撇去浮沫，然后加入少许味精，淋入香油，即可装碗上桌。

汽锅酸菜炖烤鸭

时间	口味
20分钟	酸香

原料 东北酸菜1棵，烤鸭1/2只，粉丝1束。

调料 葱段、姜片、花椒、八角、精盐、腐乳、姜醋汁、辣椒油、清汤各适量。

制作步骤 *Method*

1 将烤鸭切成条；酸菜洗净，切成细丝；粉丝剪断，用温水泡至回软。

2 将上述原料分层次码放入紫砂汽锅中，再加入精盐、花椒、八角、葱段、姜片，添入清汤，盖严盖。

3 上屉蒸炖至熟烂，取出，原锅上桌，配辣椒油、腐乳、姜醋汁食用即可。

茄子煮花甲

时间 **20分钟** 口味 **鲜辣**

原料 茄子150克，文蛤100克。

调料 姜丝10克，干红椒1个，精盐、味精各1小匙，白糖少许，料酒、香油各1/2小匙，植物油4小匙，清汤适量。

制作步骤 *Method*

1 茄子去蒂、去皮，洗净，切圆块；文蛤放入淡盐水中浸泡，洗净；干红椒泡软，切成段。

2 锅置火上，加入植物油烧热，先下入姜丝炒香，再放入文蛤，烹入料酒翻炒片刻。

3 然后加入清汤，放入茄子块煮约8分钟，最后加入精盐、味精、白糖、干红椒段煮约3分钟，淋入香油，出锅倒入汤碗中即成。

冬瓜炖鸡丸

时间 **15分钟** 口味 **鲜香**

原料 冬瓜1/4个，鸡胸肉100克，猪肥膘肉、香菜末各25克，鸡蛋清1个。

调料 精盐、味精各1大匙，胡椒粉1小匙，葱姜汁2大匙，水淀粉2小匙，香油少许。

制作步骤 *Method*

1 冬瓜去皮，切成骨牌片，用沸水焯一下，捞出；鸡胸肉、猪肥膘肉洗净，一起剁成蓉泥。

2 放入盆中，加入精盐、味精、葱姜汁、鸡蛋清和水淀粉，顺一个方向搅拌上劲，挤成小丸子。

3 锅中加入适量清水，放入冬瓜片炖至八分熟，再下入小丸子烧沸，然后加入调料调味，盛入碗中，淋入香油，撒上香菜末即成。

莼菜蛋皮羹

时间 **10分钟** 口味 **鲜香**

原料 鲜莼菜、虾仁各100克，蛋皮丝50克，香菜叶25克。

调料 精盐、鸡精、胡椒粉、料酒、生抽、水淀粉、蛋清、姜汁、香油、高汤各适量。

制作步骤 *Method*

1 莼菜择洗干净；虾仁去沙线，洗净，切成片，加入精盐、料酒、姜汁、蛋清、水淀粉拌匀上浆；香菜叶洗净。

2 锅中加入高汤烧沸，先放入莼菜，加入精盐、生抽、胡椒粉、鸡精调好口味。

3 再下入蛋皮丝、虾片搅匀，用水淀粉勾薄芡，淋入香油，撒上香菜叶，出锅装碗即可。

金玉南瓜露

时间 40分钟 口味 香甜

原料 南瓜300克，嫩玉米粒100克，新鲜百合50克。

调料 冰糖适量。

制作步骤 Method

1 将嫩玉米粒洗净，放入清水中浸泡，捞出沥干；鲜百合去除黑根，掰成小片，洗净；南瓜去皮、去瓤，洗净，切成小块。

2 净锅置火上，加入适量清水，先放入冰糖用旺火烧至溶化。

3 再放入玉米粒、南瓜块、百合瓣，转小火煮约30分钟，即可出锅装碗。

汆丸子白菜

时间 20分钟 口味 鲜香

原料 大白菜250克，猪瘦肉馅200克，水发粉丝段25克，鸡蛋清1个。

调料 葱末、姜末、精盐、味精、胡椒粉、水淀粉、香油各少许，料酒1/2大匙。

制作步骤 Method

1 大白菜洗净，切成大块；猪肉馅放入碗中，加入精盐、葱末、姜末、鸡蛋清、适量清水搅匀，再加入水淀粉、香油和匀，挤成小丸子。

2 锅中加入适量清水烧沸，放入小丸子汆熟，捞出，再放入粉丝、白菜块。

3 然后加入精盐、味精、料酒、胡椒粉烧至入味，下入丸子，淋入香油，出锅装碗即可。

肉渣熬白菜

时间 20分钟 口味 咸鲜

原料 大白菜500克，五花肉300克，香菜末适量。

调料 葱段、姜丝、精盐、味精、胡椒粉、料酒、酱油、高汤、植物油各适量。

制作步骤 Method

1 将大白菜洗净，切成长条；猪五花肉洗净，切成梳背片，再加入料酒、酱油、胡椒粉、精盐稍腌。

2 锅中加入植物油烧热，放入五花肉片炸干，取出，再放入挤压器中压成肉渣。

3 锅留底油烧热，先下入葱段、姜丝、大白菜煸炒，再加入高汤、精盐、肉渣，转小火炖至熟烂，调入味精，撒上香菜末，出锅装碗即可。

上汤白菜
时间 **15分钟** 口味 **清香**

原料 白菜心400克,水发香菇、青菜心各30克,冬笋、面粉各20克。

调料 葱末5克,姜末3克,精盐1小匙,味精、花椒油各少许,料酒2小匙,熟猪油4小匙,高汤500克。

制作步骤 *Method*

1 将白菜心洗净,切成长条;香菇、冬笋分别洗净,均切成片。

2 锅中加入熟猪油烧热,放入面粉炒散,再下入葱末、姜末炝锅,烹入料酒,加入高汤。

3 然后放入香菇、青菜心、冬笋、白菜、精盐、味精烧沸,煮约5分钟,淋入花椒油,出锅装碗即可。

土豆排骨煲
时间 **25分钟** 口味 **香浓**

原料 土豆、猪肋排各500克,油菜叶50克。

调料 葱段15克,姜片5克,花椒10粒,八角2个,香叶2片,精盐、红油豆瓣酱各5小匙,味精、鸡精、胡椒粉、酱油各1大匙,白糖、香油各1小匙,番茄酱、料酒各2小匙,植物油适量。

制作步骤 *Method*

1 猪肋排划开,剁成5厘米长的段,用清水浸泡以去除血污,再换清水洗净,捞出沥干。

2 红油豆瓣酱剁细;油菜叶洗净,入锅略烫,捞出沥水;土豆去皮,洗净,切成滚刀块,放入五成热油锅中炸至金黄色,捞出沥油。

3 锅中加油烧热,下入花椒、八角、香叶炸煳后捞出,再放入葱段、姜片、红油豆瓣酱、番茄酱和排骨段翻炒至油亮色红。

4 加入清水、精盐、味精、鸡精、酱油、白糖、胡椒粉,倒入高压锅中,上火压13分钟后离火。

5 砂煲内放入炸好的土豆垫底,再倒入压好的排骨和汤汁,放上油菜叶,淋入香油,加盖后置火上烧5分钟,上桌即可。

小白菜粉丝汤

时间 10分钟　口味 清香

原料 小白菜1棵，粉丝50克。

调料 姜末10克，葱花5克，精盐2小匙，酱油1/2小匙，香油1小匙，植物油1大匙。

制作步骤 Method

1 将小白菜择洗干净，切成小段；粉丝用温水泡软，沥去水分。

2 锅置火上，加入植物油烧热，先下入葱花炒出香味，再放入小白菜段、姜末和酱油翻炒均匀。

3 然后加入适量清水，放入粉丝煮至熟软，最后加入精盐调好口味，淋入香油，出锅装碗即可。

虾干冬瓜煲

时间 20分钟　口味 鲜香

原料 冬瓜1/4个，虾干250克，豌豆苗10克。

调料 葱结、姜片各10克，精盐1小匙，味精、鸡精、料酒各2小匙，植物油4大匙。

制作步骤 Method

1 冬瓜去皮及瓤，洗净，切成长方片，放入沸水锅中焯一下，捞出沥干。

2 虾干洗净，放入沸水锅中焯烫2遍，捞出沥水；豌豆苗择洗干净。

3 锅中加油烧热，下入葱结、姜片炒香，烹入料酒，加入适量清水，放入虾干、冬瓜块烧开。

4 转小火炖至九分熟，再加入精盐、味精、鸡精调味，倒入砂锅中，置小火上炖约10分钟，撒入豌豆苗，上桌即可。

竹荪汆鸡片

时间 30分钟　**口味** 鲜香

[原料] 竹荪200克,鸡胸肉150克,熟火腿50克,水发香菇25克,熟冬笋20克,小菜心6棵。

[调料] 精盐、味精、胡椒粉、香油各少许,料酒、水淀粉各2小匙,鸡清汤1500克。

制作步骤 ● Method

1 鸡胸肉剔去筋膜,洗净,片成大薄片,放入碗中,加入少许精盐、味精和水淀粉拌匀上浆。

2 竹荪用温水洗净并泡软,捞出沥水,去掉两端,切成小段;熟火腿、熟冬笋、水发香菇均切成小片。

3 锅置火上,加入清水烧沸,放入竹荪、笋片、香菇片焯烫一下,捞出沥水。

4 净锅置火上,倒入鸡清汤,加入少许精盐和料酒烧至微沸。

5 放入竹荪、笋片、香菇片汆烫至熟,捞入碗内,原汤滗去杂质。

6 再放入鸡肉片、小菜心、熟火腿片汆熟入味,盛入竹荪碗内。

7 净锅倒入剩余的鸡清汤烧沸,加入精盐、味精、胡椒粉调味。

8 趁热倒入盛有鸡片和竹荪的汤碗内,再淋入香油即成。

菠菜银耳羹

时间 **20**分钟 | 口味 **清香**

原料 菠菜、水发银耳各150克,枸杞子15克,鸡蛋清1个。

调料 姜片5克,精盐、味精各1/2小匙,水淀粉2大匙,熟猪油1小匙,猪骨汤750克。

制作步骤 *Method*

1 银耳放入温水中泡发,去除老根,洗净,撕成小朵;枸杞子用清水洗净,放入温水中浸泡片刻,捞出沥水。

2 锅中加入清水烧沸,放入银耳和枸杞子焯烫一下,捞出沥水。

3 菠菜去根和菠菜茎,取嫩菠菜叶,用清水洗净,切成细丝,加入少许精盐拌匀,腌渍出水分,洗净。

4 坐锅点火,加入熟猪油烧热,先下入姜片炝锅,捞出姜片不用。

5 再倒入猪骨汤烧沸,放入银耳,转小火煲至熟烂,然后加入精盐、味精、枸杞子煮匀,淋入打散的蛋清。

6 用水淀粉勾芡,最后放入菠菜丝搅匀,淋入少许熟猪油,出锅盛入汤碗中即成。

素菜汤

时间 10分钟 | 口味 清香

原料 青菜心5棵。

调料 精盐5小匙，味精少许，熟猪油75克，清汤适量。

制作步骤 *Method*

1 将青菜心去根、去老叶，用清水洗净，沥去水分，切成小段。

2 锅置旺火上，加入熟猪油烧至六成热，放入青菜心略炒，再加入清汤烧沸。

3 然后加入精盐调味，煮至青菜心熟嫩，调入味精，出锅装碗即成。

肉末蔬菜汤

时间 20分钟 | 口味 鲜香

原料 西蓝花、猪瘦肉各50克，鸡蛋2个，粉丝、鸡腿菇各10克。

调料 姜丝5克，精盐、味精各2小匙，鸡精1小匙，白糖、香油各1/2小匙，植物油2大匙。

制作步骤 *Method*

1 将西蓝花瓣成小瓣，洗净，沥水；猪瘦肉洗净，剁成蓉泥。

2 粉丝用温水泡透，捞出沥水，切成段；鸡腿菇洗净，切成条。

3 平锅抹油烧热，倒入蛋液摊成薄饼，取出，抹上猪肉泥卷成卷，入锅蒸熟，取出，切成段。

4 锅中加油烧热，先下入姜丝炒香，添入清水，再放入鸡腿菇、粉丝、西蓝花烧沸。

5 然后加入精盐、味精、白糖、鸡精，放入鸡蛋卷，淋入香油，盛入汤碗中即成。

萝卜煮河虾

时间	口味
40分钟	鲜香

原料 白萝卜、牛腩肉各250克,河虾200克,胡萝卜150克。

调料 葱段、姜片各20克,八角2粒,香叶3片,精盐、味精、鸡精各1小匙,香油1/2小匙。

制作步骤 Method

1 白萝卜、胡萝卜分别去皮,洗净,均切成菱形块,再放入沸水锅中焯烫一下,捞出沥干。

2 将牛腩肉洗净,切成小块;河虾去壳,挑除沙线,洗净。

3 锅中加入适量清水烧开,先放入牛腩肉块煮沸,再加入葱段、姜片、八角、香叶,转小火炖至断生。

4 然后放入萝卜块、胡萝卜块、河虾,加入精盐、味精、鸡精续煮3分钟,淋入香油,出锅装碗即可。

奶汤白菜

时间	口味
10分钟	奶香

原料 白菜心500克,鲜冬笋片、熟火腿片、水发冬菇片各30克。

调料 葱末、姜末、味精各少许,精盐、葱椒料酒各1/2大匙,鸡油1小匙,熟猪油75克,奶汤600克。

制作步骤 Method

1 白菜心洗净,沥干,切成4厘米长的段,嫩菜帮撕成1厘米宽的块。

2 锅中加入熟猪油烧热,下入葱末、姜末炸香,再放入白菜块煸炒,然后加入精盐、葱椒料酒、奶汤煮4分钟,调入味精,盛入汤碗中。

3 冬笋片、冬菇片放入沸水锅中焯透,捞出沥干,与火腿片码摆在白菜上,淋上鸡油即成。

海米菠菜汤 时间 10分钟 口味 鲜香

原料 菠菜150克，海米25克。

调料 精盐2小匙，味精少许，香油1小匙。

制作步骤 Method

1 海米洗净，放入碗中，加入沸水浸泡至软，捞出沥水，泡海米的水留用。

2 菠菜择洗干净，切成3厘米长的段，放入沸水锅中焯烫一下，捞出沥水。

3 锅置火上，加入适量清水和泡海米的水烧沸，再放入菠菜段稍煮。

4 然后加入精盐、味精调好口味，淋入香油，出锅装碗即可。

榨菜肉丝汤 时间 10分钟 口味 咸香

原料 榨菜200克，猪里脊肉150克，香菜末少许。

调料 葱末、姜末、蒜末各少许，精盐、味精、香油各1/2小匙，植物油1大匙。

制作步骤 Method

1 榨菜去根，洗净，切成丝，放入沸水锅中焯烫一下，捞出沥干；猪里脊肉洗净，切成细丝。

2 坐锅点火，加入植物油烧热，先下入里脊肉丝炒散，再放入葱末、姜末、蒜末炒香。

3 添入适量清水烧开，然后放入榨菜丝，撇去浮沫，加入精盐、味精，淋入香油，撒上香菜末，出锅装碗即成。

清汤蟹味菇 时间 15分钟 口味 香滑

原料 蟹味菇200克，墨鱼丸150克，海参菜适量。

调料 葱丝、姜丝各5克，精盐、料酒各1小匙，胡椒粉、鸡汁、植物油各少许，高汤适量。

制作步骤 Method

1 将蟹味菇去根，洗净；海参菜择洗干净，与墨鱼丸分别入锅焯水，捞出沥干。

2 锅置火上，加入植物油烧热，先下入葱丝、姜丝爆香，再烹入料酒，加入高汤烧沸。

3 然后放入蟹味菇、海参菜、墨鱼丸，加入精盐、鸡汁、胡椒粉煮至入味，出锅装碗，即可上桌食用。

鱼香茄子汤
时间 25分钟　口味 香浓

原料 紫茄子400克，紫苏叶少许。

调料 葱丝10克，姜片5克，精盐、米醋各1小匙，料酒1大匙，鱼香汁2大匙，高汤1000克。

制作步骤 Method

1 将茄子洗净，去蒂及皮，切成小段，再放入热油锅中煎至熟透，捞出沥油；紫苏叶洗净，切成碎末。

2 锅中加入高汤烧沸，先下入姜片、茄子段、精盐、料酒、米醋、鱼香汁煮至入味，再放入紫苏叶、葱丝略煮，即可出锅装碗。

东北汆白肉
时间 40分钟　口味 酸香

原料 酸菜150克，猪五花肉80克，细粉条50克，海米10克。

调料 葱末5克，精盐、味精各少许，韭花酱、腐乳各2小匙。

制作步骤 Method

1 猪五花肉洗净，入锅煮熟，取出，切成薄片；酸菜洗净，切成细丝，挤干水分；海米、细粉条泡软。

2 将煮五花肉的汤汁烧沸，撇去浮沫，放入五花肉片、酸菜丝、海米烧至酸菜熟透时。

3 再放入细粉条煮熟，加入精盐、味精，出锅装碗，撒上葱花，带腐乳、韭花酱上桌即可。

海参汆鹅蛋菌
时间 20分钟　口味 鲜香

原料 鹅蛋菌200克，海参150克，茼蒿段少许。

调料 精盐1小匙，料酒1大匙，酱油、花椒油各少许，鸡汤适量。

制作步骤 Method

1 鹅蛋菌择洗干净，切成片；海参用清水洗净，顺长切成条。

2 锅置火上，加入清水烧沸，分别放入鹅蛋菌、海参条焯烫一下，捞出沥水。

3 锅中加入鸡汤烧沸，放入鹅蛋菌、海参条，加入酱油、料酒、精盐，转小火炖10分钟，再放入茼蒿段，淋入花椒油，出锅装碗即可。

双色萝卜丝汤 时间10分钟 口味奶香

【原料】 心里美萝卜、象牙白萝卜各1个。

【调料】 葱花、姜丝各5克，精盐、味精各2小匙，香油1小匙，牛奶4小匙。

【制作步骤】 Method

1 将心里美萝卜削去外皮，洗净，切成细丝；象牙白萝卜削去外皮，洗净，切成细丝。

2 锅置火上，加入适量清水烧沸，放入心里美萝卜丝、白萝卜丝、姜丝烧至软嫩。

3 然后加入牛奶、精盐、味精调好口味，撒入葱花，淋入香油，出锅装碗即可。

冬瓜八宝汤 时间20分钟 口味鲜香

【原料】 冬瓜300克，干贝、虾仁、猪肉各50克，胡萝卜20克，干香菇3朵。

【调料】 葱段15克，精盐1小匙。

【制作步骤】 Method

1 冬瓜洗净，去皮及瓤，切成小块；胡萝卜洗净，去皮，切成滚刀块；虾仁去沙线，洗净。

2 猪肉洗净，切成片；干香菇泡软，去蒂，洗净，切成小块；干贝用清水泡软，捞出沥干。

3 锅中加入适量清水，先下入干贝、虾仁、肉片、香菇、冬瓜、胡萝卜烧沸。

4 再转小火续煮5分钟，然后加入精盐煮匀，撒上葱段，出锅装碗即可。

五色蔬菜汤 时间25分钟 口味清鲜

【原料】 南瓜100克，胡萝卜80克，豇豆、山药各50克，鲜香菇3朵。

【调料】 精盐、鸡汁各1小匙。

【制作步骤】 Method

1 胡萝卜洗净，去皮，切成花片；豇豆洗净，切成小段；香菇去蒂，洗净，剞上十字花刀。

2 南瓜洗净，去皮及瓤，切成小片；山药去皮，洗净，切成厚片，用清水浸泡。

3 锅中加入适量清水，放入胡萝卜、豇豆、山药、南瓜、香菇烧沸。

4 再转小火煮约15分钟，然后加入精盐、鸡汁煮至入味，即可出锅装碗。

萝卜牛蛙汤 时间 20分钟 口味 香嫩

原料 白萝卜200克，牛蛙2只，丝瓜80克。

调料 葱丝、姜丝各少许，精盐1小匙，味精1/2小匙，蚝油、植物油各2大匙，猪骨汤适量。

制作步骤 Method

1 白萝卜去皮，洗净，切成三角块；丝瓜洗净，切成片；牛蛙宰杀，去皮、内脏，洗净，剁成块，再放入沸水锅中焯透，捞出沥水。

2 锅置火上，加入植物油烧热，先下入葱丝、姜丝、蚝油炒香，加入高汤。

3 再放入萝卜块、牛蛙煮至八分熟，然后加入丝瓜片、精盐、味精煮至入味，装碗即可。

白菜瘦肉汤 时间 30分钟 口味 清香

原料 奶白菜400克，猪瘦肉200克，蜜枣30克。

调料 精盐适量。

制作步骤 Method

1 将奶白菜择洗干净，沥去水分；蜜枣洗净，沥水；猪瘦肉洗净，切成厚片。

2 锅置旺火上，加入适量清水烧沸，放入奶白菜、猪瘦肉片、蜜枣烧开。

3 再转小火炖约25分钟至熟烂，然后加入精盐调味，即可出锅装碗。

海米萝卜丝汤 时间 15分钟 口味 鲜香

原料 白萝卜250克，海米50克。

调料 葱花10克，精盐2小匙，味精少许，高汤适量，熟猪油1大匙。

制作步骤 Method

1 将白萝卜去皮，洗净，切成丝，放入沸水锅中煮开，捞出沥干；海米用温水洗净，沥去水分。

2 锅置火上，加入熟猪油烧至七成热，先下入葱花、萝卜丝、海米煸炒一下。

3 再加入高汤烧沸，然后加入精盐煮约5分钟，调入味精，盛入碗中即可。

腊肉南瓜汤

时间 25分钟 口味 香浓

原料 南瓜400克，腊肉200克，莲藕100克，洋葱末少许。

调料 精盐1小匙，味精1/2小匙，料酒、植物油各2大匙。

制作步骤 Method

1 将南瓜洗净，从中间剖开，去瓤及籽，切成小块；腊肉洗净，切成片，用沸水焯烫去盐分，捞出洗净；莲藕去皮，洗净，切成小片。

2 锅中加入植物油烧热，先下入洋葱炒香，再放入腊肉炒匀，烹入料酒，添入清水煮沸。

3 然后加入南瓜、藕片、精盐、味精煮至熟烂，即可出锅装碗。

山珍什菌汤

时间 40分钟 口味 鲜香

原料 猴头菇、竹荪、榛蘑、黄蘑、香菇、口蘑、牛肝菌各适量。

调料 葱花、姜片、精盐、牛肉清汤粉、胡椒粉、料酒、清汤、鸡油各少许。

制作步骤 Method

1 将所有菌类原料用清水泡发好，洗涤整理干净，再放入沸水锅中焯透，捞出沥干。

2 锅置火上，加入鸡油烧热，先下入葱花、姜片炒香，再烹入料酒，添入清汤。

3 然后放入所有菌类原料烧沸，加入牛肉清汤粉、精盐、胡椒粉调匀。

4 撇去浮沫，续煮约30分钟至入味，出锅装碗，即可上桌食用。

豆腐丝菠菜汤

 时间 20分钟 口味 鲜香

原料 菠菜100克，干豆腐丝80克，胡萝卜1根，鲜香菇3朵。

调料 葱花少许，精盐、酱油各1小匙，鸡精1/2小匙，料酒1大匙，鸡汤1200克。

制作步骤 Method

1 干豆腐丝洗净，沥干；香菇去蒂，洗净，剞上十字花刀；胡萝卜去皮，洗净，切成滚刀块。

2 菠菜去根，洗净，放入沸水锅中略焯，捞出过凉，挤干水分，切成小段。

3 锅中加入鸡汤烧沸，先下入香菇、胡萝卜、菠菜略煮，再加入精盐、酱油、鸡精、料酒煮至入味，放入干豆腐丝续煮5分钟，装碗即可。

蔬菜牛肉汤

时间 35分钟 口味 香浓

原料 土豆块、白菜块、菜花、扁豆、西红柿块、胡萝卜片、葱头丝各50克，香菜段15克。

调料 胡椒粒15克，精盐、黄油各1大匙，味精2大匙，牛肉汤1000克。

制作步骤 Method

1 菜花洗净，掰成小朵；扁豆撕去豆筋，洗净，沥去水分，切成菱形片，均放入沸水锅中焯透，捞出沥水。

2 锅中加入牛肉汤烧沸，先放入胡萝卜、葱头、胡椒粒、香菜、黄油、土豆、白菜、菜花煮至土豆熟透。

3 再放入扁豆片、西红柿块略煮，然后加入精盐、味精调味，出锅装碗即可。

口蘑汤

时间	口味
25分钟	鲜咸

原料 白萝卜、黄豆芽各500克，鲜口蘑300克，胡萝卜50克。

调料 葱段、姜片各5克，精盐、味精、胡椒粉、淀粉、料酒、熟猪油各适量。

制作步骤 *Method*

1 口蘑放入淡盐水中浸泡并洗净，沥去水分，剞上十字花纹。

2 锅置火上，加入清水烧沸，放入口蘑焯烫一下，捞出沥水。

3 黄豆芽掐去根，洗净，沥水，再放入热锅内干炒片刻，盛出。

4 白萝卜、胡萝卜分别去皮，洗净，均切成5厘米长的细丝。

5 锅置火上，加入熟猪油烧至六成热，先下入葱段、姜片炝锅。

6 添入清水煮沸，捞出葱、姜不用，再放入口蘑用旺火煮5分钟。

7 然后放入黄豆芽，转小火煮至熟透，捞出口蘑和豆芽，放入碗中。

8 萝卜丝裹匀淀粉，放入原汤锅内煮至浮起、烧沸，捞入豆芽碗中。

9 锅中原汤撇去浮沫和杂质，加入精盐、味精、料酒调好口味。

10 烧沸后倒入盛有口蘑的汤碗中，再撒上胡椒粉即成。

草菇木耳汤

时间	口味
20分钟	**鲜香**

原料 鲜草菇100克，水发黑木耳、冬笋各50克，菜薹30克。

调料 精盐1/2大匙，味精、白糖各1小匙，胡椒粉少许，高汤1000克。

制作步骤 *Method*

1 黑木耳去蒂，洗净，撕成小块，放入沸水锅中焯烫一下，捞出沥水。

2 冬笋去根，洗净，切成菱形片；菜薹择洗干净，切成小段。

3 鲜草菇放入清水盆内，加入少许精盐拌匀并浸泡，洗净后捞出，沥净水分，切成大片。

4 锅置火上，加入清水烧沸，下入草菇片焯烫一下，捞出沥干。

5 锅置火上，加入少许高汤烧沸，先下入木耳块、冬笋片、菜薹，用小火煮约1分钟，捞出，放入碗中。

6 原锅放入草菇片，用小火煮约3分钟至入味，捞出，放在木耳碗中。

7 净锅置火上，倒入剩余的高汤烧沸，加入精盐、味精、白糖、胡椒粉调味，倒在盛有草菇的汤碗中即可。

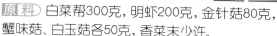

明虾白菜蘑菇汤

时间 20分钟　口味 鲜香

原料 白菜帮300克，明虾200克，金针菇80克，蟹味菇、白玉菇各50克，香菜末少许。

调料 姜片5克，精盐、鸡精、香油各少许，酱油、料酒各1大匙，蘑菇高汤1500克，植物油2大匙。

制作步骤 Method

1 白菜帮洗净，切成块；明虾去头及壳，挑去虾线，洗净；蟹味菇、白玉菇、金针菇分别洗净。

2 锅中加油烧热，先下入姜片、白菜略炒，再烹入料酒，添入高汤烧沸。

3 然后放入明虾、蟹味菇、白玉菇、金针菇，加入精盐、鸡精、酱油，转中火煮5分钟，再撒入香菜末，淋入香油，装碗上桌即可。

白蘑田园汤

时间 20分钟　口味 鲜香

原料 小白蘑200克，玉米笋、胡萝卜、土豆各50克，西蓝花30克。

调料 葱花少许，精盐、酱油各1小匙，鸡精1/2小匙，料酒2小匙，植物油2大匙，鸡汤500克。

制作步骤 Method

1 小白蘑去根，用清水洗净，沥去水分；玉米笋切成小条；土豆、胡萝卜分别去皮，洗净，均切成片。

2 锅置火上，加入植物油烧热，先下入葱花炒出香味，再加入鸡汤、料酒烧沸。

3 然后放入小白蘑、玉米笋、土豆片、胡萝卜片、西蓝花烧沸，转小火煮至熟烂，最后加入精盐、酱油、鸡精调味，出锅装碗即可。

骨头白菜煲

时间 80分钟　**口味** 咸鲜

原料 白菜嫩叶500克，猪脊骨200克。

调料 精盐2小匙，味精1小匙，胡椒粉少许，清汤适量。

制作步骤 *Method*

1. 白菜嫩叶用清水洗净，撕成大块，放入沸水锅中焯烫一下，捞出，用冷水过凉，沥去水分。

2. 猪脊骨砍成大块，放入清水锅中烧沸，焯烫5分钟，捞出冲净，沥去水分。

3. 净锅置火上，加入清汤，放入脊骨块烧沸，转小火煮约1小时。

4. 再放入白菜叶，加入精盐、味精、胡椒粉煮约5分钟，出锅装碗即成。

银杏蔬菜汤

时间 15分钟　**口味** 清香

原料 菠菜200克，胡萝卜1根，银杏、板栗肉各50克。

调料 姜片5克，精盐1小匙，鸡精1/2小匙，鸡汤1500克。

制作步骤 *Method*

1. 将菠菜去根，洗净，切成小段，放入沸水锅中略焯，捞出沥干；胡萝卜去皮，洗净，切成花片。

2. 锅中加入鸡汤烧沸，先放入银杏、板栗肉、姜片、胡萝卜略煮，再加入精盐煮约5分钟，然后放入菠菜、鸡精煮至入味，装碗即可。

干贝油菜汤 时间 45分钟 口味 鲜香

原料 油菜心150克，水发干贝50克。

调料 精盐1小匙，鸡精1/2小匙，料酒1大匙，蚝油少许，高汤1000克。

制作步骤 Method

1 将水发干贝洗净，撕成细丝；油菜切去根部，洗净，沥干。

2 坐锅点火，加入高汤烧沸，先下入干贝丝煮约30分钟，再放入油菜心略煮。

3 然后加入蚝油、精盐、鸡精、料酒煮10分钟至入味，即可出锅装碗。

金针菇豆角汤 时间 20分钟 口味 清淡

原料 豆角400克，金针菇150克，大葱30克。

调料 精盐1小匙，鸡精1/2小匙，胡椒粉、香油各少许，植物油2大匙，猪骨高汤1200克。

制作步骤 Method

1 将豆角撕去豆筋，洗净，沥去水分，切成细丝；金针菇去根，用清水洗净；大葱去皮，洗净，切成细丝。

2 坐锅点火，加入植物油烧热，先下入葱丝炒出香味，再放入豆角丝、金针菇炒至豆角变绿，添入猪骨高汤烧沸。

3 然后加入精盐、鸡精，转小火煮至豆角丝熟烂，调入胡椒粉，淋入香油，即可出锅装碗。

健康蔬果汤 时间 15分钟 口味 奶香

原料 西红柿250克，胡萝卜、土豆各100克，洋葱、西芹、面粉各50克。

调料 精盐1小匙，白糖、黄油各1/2小匙，鲜牛奶100克，植物油2大匙，清汤适量。

制作步骤 Method

1 西红柿洗净，切成小块；洋葱去皮，洗净，切成细丝；胡萝卜、西芹、土豆洗净，切成小条。

2 锅中加油烧热，放入西红柿、胡萝卜、土豆、洋葱、西芹炒透，再添入清汤煮约8分钟。

3 另锅加入黄油烧热，放入面粉炒匀，冲入牛奶，再倒入菜汤锅中煮开，然后加入精盐、白糖调味，出锅装碗即可。

毛豆莲藕汤

时间 10分钟　**口味** 清香

原料 莲藕300克,毛豆仁200克。

调料 姜末5克,精盐1小匙,鸡精1/2小匙,料酒2小匙,高汤1500克,植物油2大匙。

制作步骤 *Method*

1 将毛豆仁洗净,切成碎粒;莲藕去皮,洗净,切成小片。

2 坐锅点火,加入植物油烧热,先下入姜末、毛豆仁、莲藕片翻炒片刻。

3 再烹入料酒,添入高汤,加入精盐、鸡精煮至入味,即可出锅装碗。

地瓜荷兰豆汤

时间 20分钟　**口味** 香甜

原料 地瓜干、荷兰豆各150克,葡萄干20克。

调料 精盐、胡椒粉各少许,高汤1200克。

制作步骤 *Method*

1 将地瓜干放入清水中浸泡,使其质地回软,再换清水洗净,捞出沥干,切成小条。

2 将荷兰豆择洗干净,切去两端;葡萄干用清水洗净,沥去水分。

3 锅置火上,加入高汤烧沸,先放入地瓜干、葡萄干煮约10分钟。

4 再加入荷兰豆、精盐煮至原料熟透,然后加入胡椒粉调味,即可出锅装碗。

白菜叶汤

时间 45分钟　**口味** 鲜香

原料 白菜叶200克,虾干10克。

调料 葱末10克,精盐1/2小匙,味精少许,牛奶3大匙,高汤1000克,熟猪油1小匙。

制作步骤 *Method*

1 将白菜叶洗净,切成2厘米宽,4厘米长的条;虾干去除杂质,放入温水中浸泡30分钟,捞出沥干。

2 坐锅点火,加入熟猪油烧热,先下入虾干煸炒片刻,再放入葱末炒香,添入高汤。

3 然后加入白菜叶、精盐、味精烧沸,放入牛奶煮开,撇去浮沫,起锅盛入汤碗中即可。

黄花菜萝卜薏米汤 [时间 60分钟] [口味 酸香]

[原料] 白萝卜100克,鲜黄花菜80克,胡萝卜40克,薏米30克,柠檬1/2个。

[调料] 精盐1小匙,味精1/2小匙。

[制作步骤] Method

1 胡萝卜、白萝卜分别去皮,洗净,均切成细丝;柠檬洗净,切成块;薏米淘洗干净,用清水泡透。

2 黄花菜洗净,放入沸水锅中焯烫一下,捞出冲凉,沥干水分。

3 锅中加入适量清水,先下入薏米煮熟,再放入柠檬块煮沸,然后加入白萝卜、胡萝卜、黄花菜、精盐煮约20分钟,调入味精,装碗即可。

黑芝麻莲藕汤 [时间 40分钟] [口味 鲜香]

[原料] 莲藕300克,胡萝卜50克,熟黑芝麻30克。

[调料] 精盐、味精各1/2小匙,酱油1小匙,胡椒粉少许,猪骨高汤1500克。

[制作步骤] Method

1 将莲藕去皮,洗净,切成薄片;胡萝卜去皮,洗净,切成梅花片。

2 坐锅点火,加入猪骨高汤烧沸,先下入莲藕片、胡萝卜片、精盐、酱油煮开。

3 再转小火煮约30分钟,然后加入味精、胡椒粉调味,出锅装碗,撒上黑芝麻即可。

杞子南瓜汤 [时间 50分钟] [口味 奶香]

[原料] 南瓜500克,银杏20克,枸杞子10克,芹菜末少许。

[调料] 精盐1/2大匙,三花淡奶3大匙,高汤1000克。

[制作步骤] Method

1 将南瓜洗净,去瓤及籽,切成小块;枸杞子、银杏分别洗净,沥去水分。

2 坐锅点火,加入高汤、三花淡奶烧沸,先下入南瓜块、枸杞子、银杏煮开。

3 再加入精盐,转小火煮约40分钟至入味,出锅装碗,撒上芹菜末即可。

三色蔬菜奶汤

 时间 15分钟 口味 奶香

原料 冬笋200克，胡萝卜100克，青豆50克。

调料 精盐1小匙，奶油高汤1200克。

制作步骤 *Method*

1 将胡萝卜削去外皮，用清水洗净，切成小丁；冬笋去皮，洗净，切成小块。

2 将青豆洗净，放入沸水锅中焯烫一下，捞出冲凉，沥干水分。

3 坐锅点火，加入奶油高汤烧沸，先下入胡萝卜丁、冬笋块、青豆，用旺火烧开。

4 再加入精盐调味，转小火煮至原料熟软，即可出锅装碗。

芥菜山药汤

 时间 20分钟 口味 酸香

原料 山药300克，芥菜150克，西红柿2个，洋葱丁少许。

调料 蒜蓉15克，精盐1小匙，鸡精1/2小匙，高汤1500克，黄油2大匙。

制作步骤 *Method*

1 山药去皮，洗净，切成小块；芥菜洗净，从中间切开，再用沸水略焯，捞出冲凉，切成小段；西红柿用热水烫一下，撕去外皮，切成小丁。

2 锅中加入黄油烧至熔化，先下入洋葱丁、西红柿丁炒软，添入高汤。

3 再放入山药、芥菜、精盐、鸡精煮至入味，然后撒入蒜蓉，即可出锅装碗。

油菜玉米汤

时间 25分钟 口味 清香

原料 油菜心200克，嫩玉米粒150克，净虾仁50克，洋葱30克。

调料 精盐1小匙，浓缩鸡汁1/3小匙，黄油2大匙，清汤适量。

制作步骤 *Method*

1 将油菜心择洗干净，从中间切开；洋葱洗净，切成碎末。

2 锅中加入黄油烧至熔化，先下入洋葱末炒香，再添入清汤，放入玉米粒、虾仁。

3 然后加入精盐、鸡汁焖煮片刻，待汤汁滚沸时，下入油菜心烫至翠绿，即可出锅装碗。

银杏芋头鱼肚汤

时间 60分钟　口味 鲜香

原料 芋头300克，鲜鱼肚100克，四季豆50克，银杏30克。

调料 精盐1小匙，鸡精、鲍鱼汁各1/2小匙，鸡汤1500克。

制作步骤 *Method*

1. 芋头去皮，洗净，切成滚刀块；鲜鱼肚洗净，切成小块，再放入沸水锅中焯烫一下，捞出沥干；四季豆撕去老筋，洗净，切成小段。

2. 锅置火上，加入鸡汤，放入芋头、鱼肚、四季豆、银杏烧沸，再加入精盐、鸡精、鲍鱼汁煮至入味，即可出锅装碗。

时蔬松菌煲鸡肾

时间 60分钟　口味 鲜香

原料 鲜松茸菌5朵，鸡肾4个，油菜1棵，枸杞子10粒。

调料 姜片、葱结各10克，精盐、味精、鸡精、白胡椒粉、料酒各适量，香油1小匙，熟猪油2大匙，鲜汤1000克。

制作步骤 *Method*

1. 鲜松茸菌用清水反复漂洗干净；鸡肾洗净，加入料酒、姜片、葱结拌匀，腌约10分钟，再放入沸水锅中焯一下，捞出冲净，撕去筋膜。

2. 砂锅中放入松茸菌和鸡肾，加入鲜汤、姜片、葱结、料酒、精盐、味精、鸡精、白胡椒粉、熟猪油。

3. 置旺火上烧沸，再转小火炖约40分钟至软烂入味，拣出姜片、葱结，放入油菜、枸杞子略炖，淋入香油，出锅装碗即可。

竹荪口蘑汤

时间 15分钟 口味 鲜香

原料 水发竹荪100克，鲜口蘑80克，青菜50克。

调料 精盐、鸡汤、香油各适量。

制作步骤 Method

1 将水发竹荪洗净，切去两头，再放入沸水锅中焯烫一下以除去异味，捞出沥干，切成3厘米长段。

2 青菜择洗干净，放入沸水锅中焯透，捞出冲凉，沥去水分；口蘑洗净，切成薄片，放入沸水锅中焯烫一下，捞出沥水。

3 坐锅点火，加入鸡汤、精盐烧沸，再放入焯好的青菜、竹荪段、口蘑片煮沸，出锅盛入碗中，淋上香油即可。

芹菜叶土豆汤

时间 10分钟 口味 清香

原料 土豆2个，嫩芹菜叶150克。

调料 葱花、姜末各10克，精盐、味精、鸡精各1小匙，香油1/2小匙，高汤适量，植物油1大匙。

制作步骤 Method

1 芹菜叶择洗干净；土豆去皮，放入清水中洗净，沥干水分，切成小条。

2 锅置火上，加入植物油烧至七成热，先下入葱花、姜末炒香。

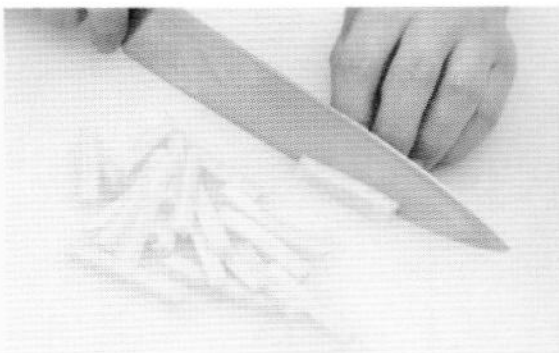

3 再放入土豆条、芹菜叶略炒，然后添入高汤烧沸，转中火煮至土豆条熟软。

4 最后加入精盐、味精、鸡精调味，淋入香油，即可出锅装碗。

美味畜肉

《滋养汤煲王》

莲藕黄豆排骨汤

时间	口味
60分钟	鲜咸

原料 猪排骨200克，莲藕150克，黄豆芽50克，香菜末25克。

调料 葱段、姜片、精盐、鸡精、花椒粉、生抽、料酒、高汤、植物油各适量。

制作步骤 ▶*Method*

1 将莲藕去皮、去藕节，洗净，切成滚刀块，放入沸水锅中快速焯烫一下，捞出过凉。

2 黄豆芽放入清水盆内浸泡，洗净，捞出沥水；猪排骨洗净，先顺骨缝切成长条，再剁成5厘米长的小段。

3 锅置火上，加入适量清水，放入排骨段烧沸，煮出血水，捞出洗净。

4 净锅置火上，加入植物油烧至五成热，先下入葱段和姜片炝锅，再放入排骨段，用旺火煸炒干水分，然后烹入料酒，添入高汤烧沸。

5 出锅倒在砂锅内，加入莲藕块、黄豆芽、精盐、生抽、花椒粉烧沸。

6 转小火炖至排骨熟烂入味，撒入香菜末，即可出锅装碗。

苹果百合牛肉汤

时间 90分钟 口味 鲜香

原料 牛肉600克，鲜百合100克，苹果2个。

调料 陈皮10克，精盐2小匙。

制作步骤 Method

1 将牛肉剔去筋膜，洗净，切成小块；苹果洗净，挖去果核，切成大块；鲜百合去黑根，洗净，掰成小片；陈皮洗净。

2 砂锅置火上，加入适量清水，先下入苹果块、牛肉块、百合瓣、陈皮，用旺火烧沸。

3 再转中火煲约1.5小时，然后加入精盐煮至入味，即可出锅装碗。

羊肉冬瓜汤

时间 60分钟 口味 鲜香

原料 羊肉300克，冬瓜200克，香菜末25克。

调料 葱段、姜片各少许，精盐1小匙，味精、胡椒粉、香油各1/2小匙。

制作步骤 Method

1 将羊肉洗净，切成大块，放入清水锅中烧沸，焯烫一下，捞出沥干。

2 冬瓜去皮及瓤，洗净，切成菱形块，放入沸水锅中焯烫一下，捞出沥干。

3 锅中加入适量清水烧沸，先放入羊肉块、葱段、姜片、精盐炖至八分熟，再放入冬瓜块煮至熟烂。

4 拣去葱段、姜片，然后加入味精、胡椒粉、香菜末煮匀，淋入香油，即可出锅装碗。

砂煲独圆

时间 2 小时 口味 香浓

原料 猪肥肉蓉、猪瘦肉蓉各200克，鸡蛋液50克，油菜段30克，清水荸荠25克，咸鸭蛋黄5个。

调料 葱白末10克，姜末5克，精盐、水淀粉、香油各2小匙，味精、胡椒粉各1大匙，料酒、鸡精各1小匙。

制作步骤 ♥Method

1. 清水荸荠剁成碎末；咸鸭蛋黄一切为二；猪肥瘦肉蓉放入盆中，加入荸荠末、姜末、葱末、精盐、味精、鸡精、胡椒粉、鸡蛋液和水淀粉，顺一个方向搅拌上劲。

2. 再做成10个大肉圆，整齐地摆放在汤盆内，每个肉圆顶部放半个咸鸭蛋黄。

3. 锅中加入清水烧沸，再加入精盐、味精、鸡精、胡椒粉，倒入盛有肉圆的汤盆内。

4. 用绵纸封口，上笼用中火蒸约2小时，取出，揭去棉纸，淋入香油，放上烫熟的油菜段即成。

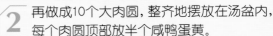

猪蹄花生汤

时间 2 小时 口味 香浓

原料 猪蹄2只，花生仁、荷兰豆各50克，胡萝卜1根，鲜香菇4朵。

调料 姜片5克，精盐1小匙，胡椒粉少许。

制作步骤 ♥Method

1. 将猪蹄刮洗干净，切成大块，再放入清水锅中烧沸，焯烫一下，捞出冲净；荷兰豆洗净。

2. 花生仁用清水浸泡，洗净，沥干；胡萝卜去皮，洗净，切成小片；香菇去蒂，洗净，剞上花刀。

3. 锅中加入清水烧沸，先下入猪蹄、花生仁、荷兰豆、胡萝卜、香菇，用旺火烧沸。

4. 再转小火煲约2小时至熟烂，然后加入精盐、胡椒粉调味，即可出锅装碗。

香芋煮肉块

时间 20分钟　口味 酒香

原料　猪瘦肉200克，香芋150克，地瓜80克，香菜末少许。

调料　精盐1小匙，鸡精1/2小匙，醪糟适量。

制作步骤 *Method*

1　将猪瘦肉洗净，切成块，放入沸水锅中焯烫一下，捞出沥水。

2　香芋去皮，洗净，切成排骨块；地瓜去皮，洗净，切成长条块。

3　锅置火上，加入醪糟、适量清水，放入猪瘦肉块、香芋块、地瓜块烧沸。

4　再加入精盐、鸡精煮至汤汁浓稠时，撒入香菜末，出锅装碗即可。

山楂萝卜羊肉煲

时间 60分钟　口味 香甜

原料　羊肉600克，白萝卜300克，山楂15克。

调料　姜片5克，精盐2小匙。

制作步骤 *Method*

1　将羊肉洗净，切成大块；白萝卜去皮，洗净，切成滚刀块；山楂洗净，去核。

2　坐锅点火，加入清水烧沸，放入羊肉焯烫一下，捞出冲净。

3　砂锅上火，加入适量清水，先下入羊肉块、白萝卜块、山楂、姜片，用旺火烧沸。

4　再转小火炖煮50分钟至羊肉熟烂，然后加入精盐调好口味，即可出锅装碗。

黄豆猪蹄汤

时间 90分钟　口味 香浓

原料　猪蹄2只(约750克)，黄豆250克。

调料　葱段10克，姜片5克，精盐2小匙，料酒1大匙。

制作步骤 *Method*

1　将猪蹄刮洗干净，放入清水锅中烧沸，焯烫一下，捞出，冲洗干净，切成大块；黄豆放入清水中浸泡透，捞出沥干。

2　锅中加入适量清水，先下入猪蹄、姜片烧沸，撇去浮沫，再加入料酒、葱段、黄豆。

3　盖上锅盖，转小火焖煮至五分熟，然后加入精盐炖煮约1小时，放入味精调匀，即可出锅装碗。

牛肉番茄汤

时间 2 小时　口味 酸香

原料 牛肉300克，西红柿100克，胡萝卜50克，玉米粒20克，青豆15克，洋葱末少许。

调料 蒜末5克，精盐1小匙，鸡精1/2小匙，植物油2大匙。

制作步骤 Method

1 牛肉洗净，切成块，放入锅中略焯，捞出冲净，再换水熬煮成牛肉高汤。

2 西红柿洗净，切成块；胡萝卜去皮，洗净，切成小丁；玉米粒、青豆洗净，沥水。

3 锅中加油烧热，下入洋葱末炒香，放入西红柿炒软，再加入玉米粒、胡萝卜、青豆、牛肉高汤、精盐、鸡精、蒜末煮匀，出锅装碗即可。

什锦烩蹄筋

时间 25 分钟　口味 鲜香

原料 发好的蹄筋400克，笋片、水发香菇各75克，韭菜段20克。

调料 葱段、姜片各10克，精盐、香油各1小匙，味精1/2小匙，酱油1大匙，水淀粉75克，料酒、植物油各2大匙，鲜汤200克。

制作步骤 Method

1 将发好的蹄筋洗净，切成段，入锅煮熟，捞出沥水；香菇去蒂，洗净，切成片。

2 锅中加入植物油烧热，下入葱段、姜片炒香，加入鲜汤、料酒、蹄筋、笋片、香菇烩至熟嫩。

3 再加入调料，撒入韭菜段，用水淀粉勾薄芡，淋入香油，出锅装碗即成。

木耳肉丝汤

时间 20 分钟　口味 酸辣

原料 猪里脊肉100克，胡萝卜1/2根，水发木耳3朵。

调料 葱末20克，精盐、胡椒粉、米醋、料酒各1小匙，淀粉2小匙，高汤适量。

制作步骤 Method

1 将猪里脊肉洗净，切成细丝，放入碗中，加入少许精盐、胡椒粉、料酒、淀粉拌匀，腌约10分钟。

2 水发木耳择洗干净，切成细丝；胡萝卜去皮，洗净，切成细丝。

3 锅中加入高汤、精盐、胡椒粉、米醋烧沸，放入原料丝煮熟，出锅装碗，撒上葱末即可。

羊肉氽瓜片 时间15分钟 口味鲜香

原料 羊瘦肉250克, 黄瓜1根。

调料 姜末5克, 精盐、香油各1大匙, 味精1小匙, 酱油2小匙, 花椒水4小匙, 羊肉汤适量。

制作步骤 Method

1 将羊瘦肉洗净, 切成小薄片, 放入碗中, 加入凉水浸泡; 黄瓜去蒂, 洗净, 切成片。

2 锅置火上, 加入羊肉汤、精盐、酱油、姜末、花椒水烧沸, 放入羊肉片、黄瓜片氽熟, 捞出装碗。

3 锅中羊肉汤撇去浮沫, 加入味精, 淋入香油, 浇入羊肉片碗中即可。

土豆排骨汤 时间2小时 口味香浓

原料 猪排骨200克, 土豆100克, 胡萝卜50克。

调料 大葱、姜块各少许, 精盐适量。

制作步骤 Method

1 将猪排骨洗净, 剁成小段, 放入清水锅中烧沸, 焯烫出血水, 捞出沥水。

2 胡萝卜、土豆分别去皮, 洗净, 均切成长条片; 姜块去皮, 洗净, 切成片; 大葱洗净, 切成段。

3 锅中放入猪排骨段、胡萝卜片、土豆片、姜片、葱段, 再加入适量清水。

4 置旺火上烧沸, 然后转小火煮约1.5小时, 加入精盐调味, 出锅装碗即可。

党参龙骨汤 时间60分钟 口味香嫩

原料 猪腔骨250克, 红皮萝卜200克, 党参1根。

调料 姜片10克, 精盐、味精各2小匙, 鸡精、鸡油各1小匙, 料酒2小匙。

制作步骤 Method

1 党参刷洗干净, 切成段; 红皮萝卜去皮, 洗净, 切成小方块, 放入沸水锅中焯烫一下, 捞出。

2 猪腔骨洗净, 剁成大块, 放入清水锅中烧沸, 焯烫出血水, 捞出, 冲洗干净。

3 汤煲中放入腔骨块、党参、姜片, 加入料酒、清水烧沸, 转小火煮40分钟。

4 再加入萝卜块、精盐、味精、鸡精、鸡油续煮10分钟, 出锅装碗即成。

萝卜海带煲牛肉

【原料】 牛腱肉400克,胡萝卜、白萝卜各100克,水发海带50克。

【调料】 葱花15克,姜片5克,精盐4小匙,味精2小匙,料酒2大匙。

制作步骤 Method

1 将胡萝卜、白萝卜分别洗净,去皮,均切成滚刀块;水发海带洗净;牛腱肉洗净,切成大块,再放入清水锅中焯煮3分钟,捞出冲净。

2 砂锅上火,加入适量清水烧沸,先下入牛肉、胡萝卜、白萝卜、海带,用中火炖煮2小时。

3 再加入精盐、味精、料酒煮匀入味,即可出锅装碗。

莲藕骨头汤

【原料】 猪脊骨500克,莲藕300克。

【调料】 姜片10克,精盐2小匙。

制作步骤 Method

1 将猪脊骨洗净,剁成大块,再放入清水锅中烧沸,焯煮3分钟,捞出冲净;莲藕去皮,洗净,切成小块。

2 坐锅点火,加入适量清水,先下入猪脊骨用旺火烧沸,撇去表面浮沫,放入姜片。

3 再转中小火煲约30分钟,然后下入莲藕块,盖上锅盖,用小火续煮1.5小时,加入精盐调好口味,即可出锅装碗。

白菜香菇蹄花汤

【原料】 猪蹄2只,小白菜50克,雪豆30克,鲜香菇4朵,无花果5粒。

【调料】 精盐适量。

制作步骤 Method

1 猪蹄用炭火烤焦,再放入温水中浸泡30分钟,刮洗干净,切成大块,然后放入沸水中焯去血污,捞出沥干。

2 雪豆用清水泡透,洗净,沥干;小白菜择洗干净;香菇去蒂,洗净,剞上花刀。

3 锅中加入清水烧沸,先下入猪蹄、小白菜、香菇、无花果、雪豆烧沸,再转小火煮约1小时,然后加入精盐调味,即可出锅装碗。

当归生姜炖羊肉

时间 **90**分钟　口味 **浓香**

原料 羊肉500克，当归30克。

调料 姜片15克，精盐1大匙，味精2小匙，胡椒粉适量，羊肉汤1000克。

制作步骤 Method

1 当归洗净，切成小片；羊肉剔去筋膜，洗净，放入清水锅中烧沸，焯去血水，捞出冲净，再切成5厘米长，2厘米宽的条。

2 坐锅点火，加入羊肉汤，先下入羊肉、当归、姜片，用旺火烧沸，撇去浮沫。

3 再转小火炖至羊肉熟烂，然后加入胡椒粉、精盐调味，即可出锅装碗。

海参排骨煲

时间 **2**小时　口味 **鲜香**

原料 鲜猪肋排400克，水发海参3个，枸杞5克。

调料 葱结、姜片各10克，八角2粒，精盐、味精、料酒各1大匙，鸡精、胡椒粉各2小匙，香油1小匙，鸡汤适量。

制作步骤 Method

1 将鲜猪肋排剁成3.5厘米长的小段，洗净，沥去水分，放入清水锅中烧沸，撇去浮沫，煮约5分钟，捞出，用清水冲净。

2 水发海参洗净腹内污物，切成4厘米长的条，再放入烧沸的鸡汤锅中，加入10克料酒氽透，捞出沥水。

3 汤盆中放入排骨段、海参条、葱结、姜片、八角、枸杞，再加入用精盐、味精、鸡精、胡椒粉、料酒调好味的开水。

4 然后用双层牛皮纸封口，上笼蒸约2小时至排骨软烂，取出，揭盖后淋入香油，即可上桌食用。

羊肉洋葱汤

时间 15分钟　口味 鲜咸

原料　羊肉300克，洋葱100克。

调料　姜末少许，精盐1小匙，味精1/2小匙，蚝油1大匙，植物油2大匙。

制作步骤 Method

1　将羊肉洗净，切成薄片，再放入沸水锅中焯烫一下，去除油脂，捞出沥干；洋葱去皮，洗净，切成小块。

2　锅置火上，加入植物油烧热，先下入姜末、洋葱块略炒，再添入适量清水烧沸。

3　然后放入羊肉片，加入精盐、味精、蚝油煮至入味，即可出锅装碗。

豆芽煲排骨

时间 30分钟　口味 香浓

原料　鲜猪仔排500克，黄豆芽200克。

调料　葱结、姜片、葱花各5克，精盐、味精、鸡精、胡椒粉、料酒各2小匙，香油少许。

制作步骤 Method

1　将猪仔排顺骨缝划开，剁成段，洗净，放入清水锅中烧沸，煮约5分钟，捞出冲净。

2　黄豆芽漂洗干净，放入沸水锅中焯至断生，捞出投凉，沥去水分。

3　高压锅内添入适量清水，放入排骨段、葱结、姜片、料酒，置火上烧沸，压约13分钟。

4　离火后放汽揭盖，拣出葱结、姜片，再放入黄豆芽，加入精盐、味精、鸡精、胡椒粉，置火上炖约10分钟，盛入碗中，淋入香油即可。

滋补狗肉汤

时间	口味
2 小时	香辣

原料 狗腿1/2只，大白菜300克，豆腐200克，大枣、枸杞、干椒丁各少许，人参1根。

调料 葱花、葱段、姜块各5克，花椒3克，精盐2小匙，味精1小匙，料酒1大匙，胡椒粉、香油各少许，葱油3大匙。

制作步骤 *Method*

1 白菜去根和老叶，洗净，切成条块；豆腐洗净，切成块；枸杞、人参、大枣分别洗净。

2 狗腿放入清水内浸泡透，期间需换水2次，捞出，去除狗骨。

3 再放入清水锅内，加入少许葱段、姜块、花椒和料酒，用旺火烧沸。

4 然后转小火煮至熟透，捞出狗腿晾凉，撕成小条。

5 煮狗腿的原汁过滤，去掉浮沫和杂质，留500克狗肉汤待用。

6 坐锅点火，加入葱油烧热，先下入葱段、姜块、干椒丁炒香，烹入料酒。

7 再放入白菜条炒干水分，添入狗肉汤烧沸，放入狗肉条、枸杞、大枣、人参和豆腐块，用小火炖10分钟。

8 然后加入精盐、味精、胡椒粉调好口味，淋入香油，盛入大碗内，撒上葱花即成。

雪耳肉片汤

时间 **30分钟** | 口味 **鲜香**

原料 猪瘦肉200克,香菇15克,银耳10克。

调料 姜片25克,香葱段15克,精盐、味精、胡椒粉各少许,水淀粉、香油、料酒各1大匙,植物油2大匙,清汤750克。

制作步骤 Method

1 银耳用温水泡软,去蒂,洗净,撕成小块;香菇洗净,放入碗中,加入少许清水,上屉用旺火蒸10分钟,取出晾凉,去蒂,切成小块。

2 猪瘦肉洗净,剔去筋膜,切成4厘米大小的薄片,放入碗中,加入少许料酒、水淀粉拌匀上浆。

3 锅置火上,加入植物油烧热,先下入姜片、香葱段炒出香味,烹入料酒,再放入香菇块、银耳块翻炒均匀。

4 倒入清汤烧沸,然后加入精盐调好口味,放入猪肉片余至熟透,撇净浮沫。

5 最后加入胡椒粉、味精,淋入香油,出锅倒在汤碗中,即可上桌食用。

玉米猪蹄煲

时间 **90分钟** 口味 **香浓**

原料 净猪蹄1只，嫩玉米1穗，枸杞15粒。

调料 葱段、姜片各10克，精盐、味精、鸡精、胡椒粉各2小匙，料酒1大匙，香油1小匙，植物油3大匙。

制作步骤 *Method*

1 猪蹄洗净，切成块，放入清水锅中，加入料酒焯煮10分钟，捞出；嫩玉米洗净，切成段。

2 锅中加入植物油烧热，先下入葱段、姜片炒香，再放入猪蹄、料酒和适量清水烧沸。

3 然后转小火炖至猪蹄八分熟，倒入砂锅中，加入精盐、味精、鸡精、胡椒粉煮匀。

4 再放入玉米、枸杞续炖至猪蹄熟烂，离火，淋入香油，上桌即可。

桃仁炖猪腰

时间 **30分钟** 口味 **香浓**

原料 鲜猪腰1对，核桃6粒，枸杞子5粒。

调料 姜片、葱结各10克，精盐、鸡精、胡椒粉各1大匙，味精2小匙，料酒1小匙，熟猪油3大匙，鲜汤950克。

制作步骤 *Method*

1 猪腰撕去表层薄膜，纵向剖开，剔净腰臊，切成厚片，用清水洗净血污。

2 再放入沸水锅中焯烫一下，捞出洗净；核桃仁放入沸水锅中焯透，捞出沥水。

3 锅置火上，加入熟猪油烧热，下入姜片、葱结略炸，再放入猪腰片炒干水分，烹入料酒，加入鲜汤。

4 然后放入核桃仁，加入精盐、胡椒粉，转小火炖约20分钟，最后加入鸡精、味精，撒入枸杞子略炖，盛入碗中即成。

牛肉杂菜汤

时间 25分钟 | **口味** 鲜香

原料 熟牛肉200克,圆白菜、胡萝卜、葱头、芹菜、土豆各50克。

调料 精盐、牛油各1大匙,味精1小匙,胡椒粉5小匙,清汤适量。

制作步骤 *Method*

1 胡萝卜、土豆分别去皮,洗净,均切成丁;葱头洗净,切碎;圆白菜洗净,切成小块;芹菜择洗干净,切成小段;熟牛肉切成小粒。

2 锅置火上,加入牛油烧化,先下入胡萝卜丁、葱头粒煸炒一下,加入适量清汤烧沸。

3 再放入圆白菜、土豆、芹菜、牛肉粒炖至土豆熟烂,然后加入精盐、味精、胡椒粉调味,出锅装碗即可。

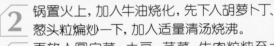

南瓜牛肉汤

时间 60分钟 | **口味** 清香

原料 牛肉300克,南瓜200克。

调料 葱末、姜末各15克,精盐、胡椒粉各2匙,牛肉汤500克。

制作步骤 *Method*

1 将南瓜洗净,去皮及瓤,切成3厘米大小的块;牛肉去筋膜,洗净,切成2厘米见方的块,再放入沸水锅中焯烫一下,捞出沥干。

2 净锅置火上,加入牛肉汤,先下入牛肉块用旺火烧沸,再放入南瓜块、葱末、姜末同煮。

3 待牛肉块熟透、南瓜软烂时,加入胡椒粉、精盐调匀,即可出锅装碗。

彩玉煲排骨

 时间 60分钟 口味 鲜香

原料 猪排骨300克，嫩玉米1穗，胡萝卜、莲藕各50克。

调料 姜片5克，精盐2小匙，胡椒粉、料酒各1小匙，植物油2大匙。

制作步骤 Method

1 将胡萝卜去皮，洗净，切成厚片；玉米洗净，切成大块；排骨洗净，剁成大块，再放入沸水锅中焯煮3分钟，捞出冲净。

2 净锅上火，加入清水烧沸，先放入姜片、料酒、排骨煮约30分钟。

3 再加入胡萝卜、玉米、莲藕、精盐、胡椒粉续煮20分钟，即可出锅装碗。

牛膝炖蹄筋

时间 60分钟 口味 清香

原料 鲜牛蹄筋250克，西蓝花150克，猪肉100克，牛膝10克。

调料 葱段15克，精盐1小匙，酱油2大匙。

制作步骤 Method

1 将牛蹄筋洗净，切成小段；猪肉洗净，切成片；西蓝花洗净，掰成小朵；牛膝洗净。

2 将牛蹄筋段、猪肉片放入沸水锅中焯烫一下，捞出沥干。

3 砂锅中加入适量清水，先放入牛膝、酱油、精盐，用旺火烧沸，再下入蹄筋、肉片。

4 转小火炖煮50分钟，然后放入西蓝花煮熟，即可出锅装碗。

肉丝黄豆汤

时间 30分钟 口味 浓香

原料 猪骨头500克，猪腿肉250克，黄豆50克。

调料 葱花5克，精盐2小匙，味精少许，酱油1大匙，料酒2大匙，鲜汤1500克，熟猪油3大匙。

制作步骤 Method

1 黄豆洗净，放入清水中浸泡至发涨；猪骨头洗净，敲碎；猪肉洗净，切成3厘米长的丝。

2 锅中加入适量清水，放入猪骨头、黄豆用旺火烧沸，再转小火煨至熟烂，捞出黄豆。

3 锅中加入熟猪油烧热，先下入猪肉丝炒至变色，再烹入料酒，加入精盐、味精、酱油炒匀。

4 然后添入鲜汤，放入黄豆煮沸，撒入葱花，出锅装碗即可。

红枣莲藕猪蹄汤

时间 2 小时 | 口味 香甜

原料 猪蹄500克，莲藕300克，红枣12枚，莲子20粒。

调料 陈皮10克，姜片5克，精盐1大匙。

制作步骤 Method

1 将莲子、陈皮洗净，沥干水分；红枣洗净，去核；莲藕去皮，洗净，切成小片；猪蹄去残毛，洗净，切成大块。

2 砂锅上火，加入适量清水，先下入藕片、猪蹄、红枣、莲子、陈皮、姜片烧沸。

3 撇去浮沫，再转中小火续煮至猪蹄熟烂，然后加入精盐调味，即可出锅装碗。

莲藕炖牛腩

时间 2 小时 | 口味 浓香

原料 牛腩肉1000克，莲藕300克，海带结150克。

调料 姜片5克，酱油75克，白糖、米醋、料酒各1大匙。

制作步骤 Method

1 牛腩肉洗净，切成小块，放入清水锅中烧沸，焯烫一下，捞出冲净；莲藕去皮，洗净，切成小块。

2 锅中加入清水，下入莲藕块煮约40分钟，再放入牛腩肉、姜片、酱油、白糖、料酒、米醋。

3 转小火煮至牛肉熟软，然后加入海带结煮熟，出锅装碗即可。

雪菜牛肉汤

时间 30分钟 | 口味 咸香

原料 熟牛肉400克，咸雪菜150克，胡萝卜、红椒各少许。

调料 葱末、蒜末各5克，精盐1小匙，牛骨高汤1500克，植物油2大匙。

制作步骤 Method

1 将咸雪菜放入清水中泡去咸味，捞出沥水，切成碎粒；熟牛肉切成方块。

2 胡萝卜洗净，去皮，切成细丝；红椒洗净，去蒂及籽，切成细丝。

3 锅中加油烧热，爆香葱末、蒜末，添入牛骨高汤，放入牛肉、雪菜煮沸，再加入胡萝卜丝、红椒丝、精盐煮约15分钟，装碗即可。

猪肚莲藕汤 时间 2 小时 口味 香嫩

原料 猪肚400克，莲藕200克，砂仁10克，银杏10粒。

调料 葱段、姜片各少许，精盐1小匙，料酒1大匙，面粉适量。

制作步骤 Method

1 猪肚用面粉揉搓，清洗干净，再放入清水锅中，加入料酒烧沸后略焯，取出，刮净油脂，切成大块。

2 莲藕去皮，洗净，切成小块；砂仁、银杏洗净，沥去水分。

3 锅中加入清水，放入猪肚、莲藕、砂仁、银杏烧沸，再转小火煮约2小时，加入精盐调味，出锅装碗即可。

烧汁鸽蛋牛肉汤 时间 60 分钟 口味 咸香

原料 牛肉300克，鸽蛋150克，荷兰豆50克。

调料 葱末、姜末各少许，精盐1小匙，味精1/2小匙，烧汁、料酒、植物油各2大匙，高汤1500克。

制作步骤 Method

1 牛肉洗净，切成块，入锅略焯，捞出沥干；荷兰豆去筋，洗净；鸽蛋放入清水锅中煮熟，捞出过凉，剥去蛋壳。

2 锅中加入植物油烧热，先下入牛肉、烧汁、料酒翻炒至上色，再放入葱末、姜末炒香。

3 添入高汤，然后加入鸽蛋、精盐、味精炖至熟烂，再放入荷兰豆续煮5分钟至入味，即可出锅装碗。

凉瓜黄豆煲排骨 时间 90 分钟 口味 鲜咸

原料 猪排骨500克，苦瓜100克，咸萝卜50克，黄豆20克。

调料 姜片20克，精盐2小匙，胡椒粉少许，料酒1大匙，植物油2大匙。

制作步骤 Method

1 苦瓜洗净，去瓤及籽，切成小块，用沸水略焯，捞出过凉；排骨洗净，剁成大块，用沸水略焯，捞出冲净；咸萝卜切片，用清水浸泡。

2 锅置火上，加入植物油烧热，先下入姜片、咸萝卜、苦瓜炒香，再放入排骨、黄豆。

3 加入适量清水烧沸，转小火煲约1小时至熟，加入精盐、胡椒粉、料酒煮匀，装碗即可。

鹿肉烩土豆

时间 40分钟　口味 鲜香

原料 鹿肉300克，土豆200克，卷心菜100克。

调料 葱丝、姜片、精盐各少许，鸡精1/2小匙，风味大酱1大匙，高汤适量，植物油2大匙。

制作步骤 Method

1 鹿肉洗净，切成片；卷心菜洗净，切成块；土豆洗净，入锅蒸熟，取出去皮，切成两半。

2 锅置火上，加入植物油烧热，先下入葱丝、姜片炒香，再放入鹿肉片、大酱翻炒均匀。

3 然后加入高汤，放入土豆、卷心菜烧烩20分钟，最后加入精盐、鸡精调好口味，出锅装碗即可。

半汤兔肉块

时间 60分钟　口味 咸鲜

原料 兔肉250克，黄芪60克，川芎10克，枸杞子5克。

调料 花椒10克，香葱末5克，姜4片，精盐、料酒各1小匙，植物油1大匙。

制作步骤 Method

1 将兔肉用清水浸泡，洗净，切成小块，放入清水锅中烧沸，焯烫一下，捞出沥水；黄芪、川芎、花椒分别洗净，沥水。

2 锅中加入适量清水，放入兔肉、姜片、料酒、黄芪、川芎、枸杞子、花椒烧沸。

3 再转小火炖约50分钟，然后加入精盐，淋入植物油，出锅装碗即可。

酥肉烩杂蘑

时间 25分钟　口味 酸辣

原料 猪瘦肉200克，口蘑、榛蘑、金针蘑、小白蘑各50克。

调料 葱丝、姜丝各10克，精盐、味精、胡椒粉、水淀粉、白醋、老汤各适量，植物油500克。

制作步骤 Method

1 猪瘦肉洗净，切成三角块，用水淀粉裹匀，放入热油锅中炸至金黄色，捞出沥油；杂蘑择洗干净，放入沸水锅中焯烫，捞出沥水。

2 锅中加入植物油烧热，下入葱丝、姜丝炝锅，再加入老汤，放入原料烧沸。

3 然后加入精盐、味精、白醋、胡椒粉烧烩5分钟，出锅装碗即可。

氽丸子

时间 15分钟 ｜ 口味 鲜香

原料 牛肉馅300克，萝卜丝50克，鸡蛋2个。

调料 香菜末、葱末、姜末各10克，精盐1小匙，胡椒粉、牛肉粉、香油各1/2小匙，料酒1大匙，淀粉3大匙，植物油2大匙。

制作步骤 *Method*

1 将牛肉馅放入盆中，加入鸡蛋、精盐、淀粉、牛肉粉、香油、料酒、葱末、姜末、少许清水搅拌上劲。

2 锅置火上，加入适量清水，放入萝卜丝烧沸，再将牛肉馅挤成丸子入锅。

3 然后加入精盐、葱末、姜末氽熟，出锅装碗，撒上胡椒粉、香菜末即可。

羊肉圆菠菜汤

时间 15分钟 ｜ 口味 鲜香

原料 羊后腿肉250克，小菠菜2棵。

调料 葱段、姜片各5克，精盐、淀粉、料酒各1大匙，味精2小匙，香油1小匙，羊肉汤500克，植物油适量。

制作步骤 *Method*

1 将羊后腿肉洗净，沥净水分，剁成羊肉蓉，加入淀粉搅匀；菠菜择洗干净，切成小段。

2 锅中加入植物油烧热，先下入姜片、葱段炒香，再加入羊肉汤、精盐、料酒烧沸。

3 然后将羊肉蓉挤成小肉圆，下入锅中烧沸，最后放入菠菜段，加入味精调味，淋入香油，出锅装碗即可。

百合炖猪蹄

 时间 60分钟
 口味 鲜香

原料 猪蹄4只,百合200克。

调料 葱段、姜片各5克,精盐1/2匙,料酒1大匙。

制作步骤 *Method*

1 将百合去皮,洗净,掰成小片;猪蹄去净残毛,用清水洗净,放入清水锅中烧沸,焯去血水,捞出沥水。

2 锅置火上,加入适量清水,放入百合、猪蹄烧沸,再加入精盐、料酒、葱段、姜片。

3 然后转小火炖至猪蹄熟烂入味,拣去姜片、葱段不用,出锅装碗即成。

腐竹羊肉煲

时间 75分钟
口味 香浓

原料 羊肉400克,腐竹50克,油菜心10棵。

调料 葱花、姜末、干辣椒各5克,精盐、味精各2小匙,胡椒粉、酱油、香油各1小匙,植物油3大匙,鲜汤适量。

制作步骤 *Method*

1 将羊肉洗净,切成小块,放入清水锅中煮熟,捞出沥水;腐竹用温水泡发,洗净,切成段;油菜心择洗干净。

2 锅中加入植物油烧热,先下入干辣椒炸香,再放入羊肉块、葱花、姜末、鲜汤煮沸。

3 然后加入酱油、精盐、味精、胡椒粉炖煮25分钟,最后放入腐竹段、油菜心略煮,倒入烧热的煲中,淋入香油,即可上桌食用。

榨菜牛肉汤

时间	口味
90分钟	鲜咸

原料 牛肉300克，榨菜、胡萝卜各50克。

调料 葱末、姜末、蒜末、精盐、味精、料酒、香油、植物油各适量。

制作步骤 ♥Method

1 胡萝卜切去根、去皮，洗净，切成滚刀块；榨菜放入清水中浸泡以去除部分咸味，捞出沥水，切成细丝。

2 牛肉剔去筋膜，用清水浸泡并洗去血水，捞出沥水，切成小块，再放入清水锅中烧沸，焯烫一下，捞出，用冷水过凉，沥净水分。

3 锅置火上，加入植物油烧热，先下入葱末、姜末和蒜末炝锅。

4 烹入料酒，再放入牛肉块，用小火不断翻炒至煸干水分。

5 然后加入清水淹没牛肉块，转旺火烧沸，用小火煮约1小时至牛肉熟烂。

6 再放入榨菜丝、胡萝卜块，改用旺火煮约10分钟至胡萝卜块熟烂。

7 最后加入精盐、味精调味，淋入香油，出锅盛入大汤碗内即成。

醋椒丸子汤

时间	口味
30分钟	酸辣

原料 猪五花肉400克，香菜25克，鸡蛋清3个。

调料 大葱、姜末、味精、胡椒粉、水淀粉、香油各少许，精盐、米醋各1大匙，料酒1/2大匙，鸡汤1000克。

制作步骤 *Method*

1 大葱洗净，一半切成末，另一半斜切成细丝；香菜去根和老叶，洗净，切成3厘米长的小段。

2 猪五花肉洗净，剁成蓉，放入大碗中，加入葱末、姜末、精盐、水淀粉和少许清水搅匀成冻状。

3 再加入鸡蛋清搅拌均匀，然后挤成直径3厘米大小的肉丸。

4 净锅置火上，加入鸡汤烧至微沸，逐个放入丸子煮沸。

5 撇净浮沫，捞出丸子，放入大碗中，再撒上葱丝、香菜段。

6 净锅复置火上，加入香油、胡椒粉，滗入余丸子的原汤。

7 再加入精盐、味精、料酒烧沸，出锅倒入盛有丸子的碗内，淋入米醋、少许香油即成。

当归炖羊肉

时间 90分钟　口味 酒香

原料 羊肉600克, 当归16克, 熟地4克。

调料 姜1小块, 精盐2小匙, 米酒半瓶, 高汤适量。

制作步骤 *Method*

1 将羊肉洗净, 切成小块, 放入清水锅中烧沸, 焯煮20分钟, 捞出洗净, 沥水; 当归、熟地分别洗净。

2 砂锅置火上, 加入高汤, 放入羊肉块、当归、熟地、姜块, 再加入精盐、米酒烧沸。

3 然后转小火炖煮约1小时至羊肉块熟烂入味, 出锅装碗即可。

白肉血肠

时间 60分钟　口味 酸香

原料 带皮五花肉、猪血肠各500克, 酸菜300克。

调料 蒜泥15克, 葱花、姜丝各少许, 精盐、味精、酱油、辣椒油、韭菜花酱、香油各适量, 腐乳1块。

制作步骤 *Method*

1 带皮猪五花肉刮洗干净, 放入清水锅中烧沸, 转小火煮至熟嫩, 取出, 趁热抽去肋骨, 晾凉后切成薄片。

2 猪血肠切成1.3厘米厚的片; 酸菜洗净, 轻轻攥干水分, 切成细丝。

3 锅置火上, 加入肉汤, 下入葱花、姜丝、酸菜丝烧沸, 再放入白肉片、血肠煮约5分钟, 然后加入精盐、味精调好口味。

4 盛入大碗中, 随带用酱油、韭菜花酱、辣椒油、腐乳、蒜泥、香油调好的味汁上桌蘸食即可。

冬瓜炖排骨

时间 90分钟 | 口味 鲜香

原料 猪排骨500克，冬瓜350克。

调料 姜块10克，八角1粒，精盐1小匙，味精、胡椒粉各1/2小匙。

制作步骤 Method

1 将排骨洗净，剁成小块，放入清水锅中烧沸，焯煮5分钟，捞出冲净。

2 冬瓜去皮及瓤，洗净，切成大块；姜块去皮，洗净，用刀拍破。

3 锅中加入适量清水，先下入排骨段、姜块、八角用旺火烧沸，再转小火炖煮约1小时。

4 然后放入冬瓜块煮20分钟，捞出姜块、八角，加入精盐、味精、胡椒粉煮至入味，即可出锅装碗。

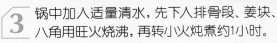

莲藕炖猪尾

时间 45分钟 | 口味 鲜香

原料 莲藕400克，猪尾300克。

调料 葱花少许，精盐、味精各1小匙，鸡精1/3小匙，老抽、老汤各适量，植物油500克。

制作步骤 Method

1 将猪尾洗净，剁成小段，放入清水锅中煮熟，捞出沥干；莲藕去皮，洗净，切成小块。

2 锅置火上，加入植物油烧热，下入猪尾段炸至皮酥时，捞出沥油。

3 净锅置火上，加入老汤，放入猪尾、莲藕烧沸，炖煮10分钟。

4 再加入精盐、味精、鸡精、老抽调味，出锅盛入碗中，撒上葱花即可。

红枣炖兔肉

（原料）净兔肉500克，红枣20粒，荸荠5粒。

（调料）生姜1片，精盐、料酒各适量，胡椒粉少许。

（制作步骤）Method

1　将兔肉洗净，切成块，放入清水锅中，加入料酒烧沸，焯烫去血污，捞出沥水；红枣去核，洗净；荸荠去皮，洗净，切成片。

2　将兔肉块、红枣、荸荠片、姜片放入炖盅内，加入适量开水，盖上盅盖。

3　放入蒸锅中，用小火隔水炖约1小时，再加入精盐、胡椒粉调味，取出上桌即成。

牛筋炖双萝

（原料）熟牛蹄筋200克，白萝卜、胡萝卜各150克，香菜段少许。

（调料）葱末5克，精盐1小匙，鸡精1/3小匙，酱油、辣椒油各少许，老汤适量。

（制作步骤）Method

1　熟牛蹄筋洗净，切成块；胡萝卜、白萝卜分别去皮，洗净，均切成菱形块，放入沸水锅中焯水，捞出沥净。

2　锅置火上，加入老汤，放入牛蹄筋块、胡萝卜块、白萝卜块烧沸，转小火炖至熟烂。

3　再加入精盐、鸡精、酱油调好口味，淋入辣椒油，撒上葱末、香菜段，出锅装碗即成。

兔肉炖土豆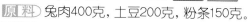

（原料）兔肉400克，土豆200克，粉条150克。

（调料）葱花、姜片各少许，精盐1小匙，鸡精1/2小匙，老抽2大匙，老汤适量。

（制作步骤）Method

1　将兔肉洗净，剁成块，放入清水锅中烧沸，焯烫一下，捞出沥水；土豆去皮，用清水洗净，切成块。

2　锅置火上，加入老汤，放入姜片、兔肉块、土豆块烧沸，再加入精盐、老抽炖30分钟。

3　然后放入粉条续炖5分钟，加入鸡精，撒入葱花，出锅装碗即可。

胡萝卜炖牛腩

时间 **90**分钟　口味 **酸香**

原料 牛腩肉450克，胡萝卜100克。

调料 八角2粒，精盐2小匙，白糖1小匙，番茄酱、植物油各2大匙。

制作步骤 *Method*

1 牛腩肉洗净，放入清水锅中烧沸，焯烫一下，捞出沥干；胡萝卜去皮，洗净，切成滚刀块。

2 坐锅点火，加入植物油烧热，先放入牛腩块略炒一下，再放入胡萝卜块翻炒均匀。

3 然后加入八角、番茄酱、精盐、白糖和适量清水烧沸，盖上锅盖。

4 转小火焖炖约1.5小时至牛腩肉熟烂入味，即可出锅装碗。

萝卜煮肉丸

时间 **20**分钟　口味 **鲜香**

原料 萝卜400克，猪肉馅150克，鸡蛋1/2个。

调料 葱末、姜末、姜块各5克，精盐、白糖各1小匙，鸡精1/2小匙，料酒、酱油各1大匙，淀粉适量，清汤400克，植物油2大匙。

制作步骤 *Method*

1 猪肉馅加入葱末、姜末、适量酱油、精盐、料酒、清汤、淀粉、鸡精调拌均匀，挤成小肉丸；萝卜去皮，洗净，切成小片。

2 锅中加油烧热，下入葱末、姜块炒香，放入萝卜片煸炒，加入调料、清汤、肉丸烧煮至熟。

3 撇去浮沫，用水淀粉勾芡，淋入明油，出锅装碗即成。

川东酥肉

时间 **30**分钟　口味 **麻辣**

原料 猪外脊肉750克，油菜100克，净豆苗少许。

调料 葱段、姜片、蒜片各20克，花椒10克，鸡蛋液2个，精盐、胡椒粉各2小匙，鸡精1小匙，豆瓣酱2大匙，地瓜粉300克，上汤、植物油各适量。

制作步骤 *Method*

1 油菜择洗干净，切成段；猪外脊肉洗净，切成条，加入精盐稍腌，再加入鸡蛋液、地瓜粉拌匀上浆，放入热油锅中炸酥，捞出。

2 锅留底油烧热，下入花椒、葱段、姜片、蒜片、豆瓣酱炒香，再加入上汤，放入酥肉烧沸。

3 转中火炖至肉烂，然后放入油菜段，加入精盐、胡椒粉、鸡精，撒入豆苗，出锅装碗即可。

灵芝炖猪蹄

时间 **60分钟** 口味 **香浓**

原料 猪蹄1只，鲜灵芝15克。

调料 葱段、姜片各5克，精盐、味精、料酒各适量。

制作步骤 *Method*

1 猪蹄刮洗干净，切成块，放入清水锅中烧沸，焯烫出血水，捞出洗净；鲜灵芝洗净，切成小片。

2 砂锅置火上，放入猪蹄、灵芝片、葱段、姜片，加入料酒、适量清水烧沸。

3 再转小火炖至猪蹄熟烂，然后加入精盐、味精调味，出锅装碗即可。

肉丸粉丝汤

时间 **10分钟** 口味 **清香**

原料 猪绞肉300克，小白菜50克，粉丝1束，鸡蛋清1个。

调料 葱末、姜末、精盐各少许，料酒、淀粉各1大匙。

制作步骤 *Method*

1 将小白菜择洗干净，切成段；粉丝用温水泡软，剪成小段。

2 猪绞肉放入碗中，加入姜末、料酒、淀粉、鸡蛋清搅拌均匀，再用手挤成小肉丸。

3 锅中加入适量清水烧热，先下入小肉丸煮沸，撇去浮沫。

4 再放入粉丝、小白菜煮熟，然后加入精盐调味，撒上葱末，出锅装碗即可。

薏米炖牛肚

时间 **2.5小时** 口味 **脆嫩**

原料 牛肚600克，生薏米、熟薏米各50克。

调料 姜1片，精盐、面粉各适量，料酒、米醋各少许。

制作步骤 *Method*

1 将牛肚用面粉搓洗干净，放入清水锅中，加入料酒、米醋烧煮10分钟，取出洗净，切成三角块。

2 锅置火上，加入适量清水，放入生薏米、熟薏米煮约3分钟，捞出沥水。

3 将生薏米、熟薏米、牛肚块放入炖盅内，加入适量清水，盖上盖。

4 放入蒸锅中烧沸，转小火隔水炖约2小时，再加入精盐调好口味，取出上桌即可。

海带豆腐排骨汤

时间 50分钟　口味 香浓

原料 猪排骨200克，大豆腐2块，海带结120克，黄豆芽80克。

调料 葱花15克，精盐2小匙。

制作步骤 *Method*

1 将猪排骨洗净，剁成小段，放入清水锅中烧沸，焯烫一下，捞出沥水。

2 海带结洗净，放入沸水锅中焯烫一下，捞出沥干；豆腐洗净，切成小块；黄豆芽洗净，沥水。

3 坐锅点火，加入适量清水，先放入猪排骨段煮开，再转小火炖煮约30分钟。

4 然后放入豆腐、海带结、黄豆芽煮熟，加入精盐调味，出锅装碗，撒上葱花即可。

猪肝黄豆汤

时间 25分钟　口味 清香

原料 猪肝150克，黄豆50克。

调料 葱段10克，姜片5克，精盐1大匙，味精、胡椒粉各少许，料酒1小匙。

制作步骤 *Method*

1 将猪肝洗净，放入清水锅中烧沸，焯烫一下，捞出沥干，切成片；黄豆用温水泡发，漂洗干净。

2 锅置火上，加入适量清水，放入猪肝片、黄豆、葱段、姜片煮至黄豆熟烂。

3 再加入精盐、味精、料酒、胡椒粉稍煮片刻，撇去浮沫，即可出锅装碗。

沙茶牛肉锅

时间 30分钟　口味 咸香

原料 牛腩肉500克，芹菜梗、青菜叶、粉丝各适量。

调料 沙茶酱4大匙，白糖、生抽各2小匙，精盐、高汤各适量，植物油1大匙。

制作步骤 *Method*

1 将牛腩肉洗净，切成片，加入少许白糖拌匀，腌15分钟；芹菜梗洗净，切成段；青菜叶洗净；粉丝用温水泡软，沥干水分。

2 坐锅点火，加入植物油烧热，先下入沙茶酱爆香，再加入生抽、精盐、高汤和剩余的白糖煮沸。

3 然后转小火煮10分钟，倒入砂锅中，放入牛肉片、芹菜、青菜叶、粉丝煮熟，出锅装碗即可。

发菜汤泡肚
时间 50分钟　**口味** 香嫩

原料　猪肚尖350克，发菜15克。

调料　味精1/2小匙，白酱油、料酒各1大匙，香油2小匙，鸡汤500克。

制作步骤 Method

1 将猪肚尖剔净油膜，用清水浸泡30分钟，洗净，切成片，再放入沸水锅中焯熟，捞出沥干，加入料酒10克拌匀略腌。

2 发菜用清水浸泡5分钟，再放入沸水中焯烫一下，捞出，加入剩余的料酒、味精腌至入味。

3 将猪肚片、发菜分别放在汤碗的两侧，再将鸡汤入锅烧沸，加入白酱油调匀，倒入碗中，淋上香油即成。

慈姑排骨汤
时间 45分钟　**口味** 鲜香

原料　猪排骨250克，慈姑200克，净鲜蘑100克，枸杞子10克。

调料　葱段15克，姜块10克，精盐2小匙，胡椒粉少许，味精1小匙，料酒、熟猪油各1大匙。

制作步骤 Method

1 猪排骨用清水洗净，沥净水分，剁成小块，放入清水锅中烧沸，焯烫一下，捞出冲净。

2 慈姑择洗干净，切成片，放入沸水锅中焯烫一下，捞出过凉，沥水。

3 锅中加入熟猪油烧热，下入葱段、姜块炒香，添入适量清水，加入料酒，放入排骨块煮20分钟。

4 再放入慈姑片、净鲜蘑和枸杞子煮熟，然后加入精盐、胡椒粉和味精调好口味，出锅装碗即成。

葱烧猪蹄汤

时间 60分钟　口味 香浓

原料 猪蹄600克，当归3片。

调料 葱段15克，姜片5克，精盐2小匙，料酒1小匙。

制作步骤 Method

1 将猪蹄刮去残毛，洗涤整理干净，再放入清水锅中烧沸，焯烫一下，捞出沥干。

2 炖锅置火上，加入适量清水、料酒，再放入猪蹄、当归片、葱段、姜片烧沸。

3 转中火炖约40分钟至猪蹄熟烂，然后加入精盐调好口味，出锅装碗即可。

番茄排骨汤

时间 90分钟　口味 酸辣

原料 小排骨600克，西红柿120克，辣肉酱1罐，净文蛤40克，小鱼干少许。

调料 精盐1小匙，胡椒粉2小匙，太白粉3大匙，酱油2大匙，米酒1大匙，植物油适量。

制作步骤 Method

1 排骨洗净，剁成小段，加入太白粉、胡椒粉、米酒、酱油腌5分钟，再放入热油锅中炸至金黄色，捞出沥油；西红柿洗净，切成小块。

2 锅置火上，加入适量清水，放入西红柿块、小鱼干、文蛤、排骨段烧沸，煮约5分钟。

3 再转小火焖煮约1小时，然后加入辣肉酱及精盐调好口味，出锅装碗即可。

蛋蓉牛肉羹

时间	口味
35分钟	香滑

原料 牛肉250克,鸡蛋2个。

调料 大葱、姜片各5克,精盐1小匙,味精1/2小匙,胡椒粉、小苏打各少许,酱油、香油各1大匙,料酒、水淀粉、植物油各2大匙。

制作步骤 *Method*

1 鸡蛋磕入碗中搅打均匀;大葱、姜片洗净,均切成细末。

2 牛肉洗净,先切成黄豆大小的粒,再用刀背剁成细蓉。

3 放入碗中,加入酱油、小苏打、少许植物油调匀,腌20分钟。

4 锅中加入清水烧沸,慢慢倒入牛肉蓉焯烫至熟,捞出沥干。

5 坐锅点火,加入剩余的植物油烧热,先下入葱末和姜末炝锅。

6 烹入料酒,加入清水(约750克)和牛肉蓉,用小火烧沸。

7 再加入精盐、味精、胡椒粉烧至微沸,用水淀粉勾薄芡。

8 然后慢慢淋入打散的鸡蛋液,边倒边顺同一方向搅匀成浓糊,再淋入香油推匀,出锅盛入汤碗中即成。

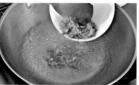

金菇肥牛汤

时间 **25分钟** 口味 **咸鲜**

原料 肥牛肉150克，金针菇120克，洋葱25克，青椒、红椒各15克。

调料 精盐、白糖、水淀粉各1小匙，沙茶酱、米酒、酱油各1大匙，植物油适量。

制作步骤 *Method*

1 将肥牛肉放在案板上，用快刀切成大薄片，放入碗中，加入少许精盐、料酒和淀粉拌匀上浆。

2 金针菇去根，洗净，放入沸水锅中焯烫一下，捞出，用冷水过凉，沥净水分，切成小段。

3 青椒、红椒分别去蒂、去籽，洗净，均切成细丁；洋葱洗净，切成小粒。

4 净锅置火上，加入植物油烧热，先下入青椒、红椒、洋葱爆炒出香味。

5 再加入沙茶酱和金针菇煸炒至均匀，添入清水，加入米酒、酱油、白糖、精盐烧沸。

6 然后逐片放入肥牛肉片煮至熟透且入味时，用水淀粉勾薄芡，起锅盛入加热的砂锅中即可。

香油腰花煲

时间 20分钟 口味 香嫩

[原料] 猪腰子300克。

[调料] 葱段、姜片、蒜片各适量，精盐1小匙，料酒1大匙，香油4大匙。

[制作步骤] *Method*

1 将猪腰子撕去薄膜，剖开后去除腰臊，洗净，先剞上十字花刀，再切成条状小块。

2 然后放入大碗中，加入适量清水浸泡片刻，捞出沥水。

3 坐锅点火，加入香油烧热，先下入姜片、蒜片炒香，再放入腰花、葱段炒匀。

4 然后加入精盐、料酒和适量清水煮至腰花熟嫩，即可出锅装碗。

双菇炖大肠

时间 25分钟 口味 香辣

[原料] 熟大肠300克，香菇、草菇、日本豆腐各100克，干辣椒15克，香菜段5克。

[调料] 姜片、葱段各5克，精盐、味精、蚝油各1大匙，老抽2小匙，胡椒粉、香油各1小匙，鲜汤适量，植物油2大匙。

[制作步骤] *Method*

1 将熟大肠斜刀切成马蹄段；草菇、香菇、豆腐分别洗净，均切成小丁，再放入沸水锅中略烫，捞出沥水。

2 锅中加入植物油烧热，下入干椒段、姜片、葱段炒香，再放入大肠段、草菇、香菇煸炒。

3 然后烹入料酒，加入鲜汤、精盐、味精、蚝油、老抽、胡椒粉烧沸，转中火炒约5分钟。

4 最后放入豆腐丁略炖，出锅装入碗中，撒上香菜段，淋入香油即可。

酸辣牛筋汤

时间	口味
35分钟	酸辣

原料 发好的牛蹄筋300克，瘦牛肉100克。

调料 葱花5克，精盐1/2小匙，味精少许，胡椒粉1小匙，酱油、料酒各2小匙，水淀粉适量，米醋、香油各3大匙，鸡汤1200克。

制作步骤 *Method*

1 将牛蹄筋切成3厘米长，筷子头粗细的丝，放入温水中浸泡；牛肉洗净，切成小粒，加入胡椒粉、米醋、香油、葱花拌匀稍腌。

2 锅中加入香油烧热，放入牛肉粒煸炒至水分将干，烹入料酒、酱油，添入鸡汤。

3 再放入牛蹄筋，加入精盐、味精炖至软烂入味，用水淀粉勾芡，出锅装碗即可。

胡萝卜煲排骨

时间	口味
50分钟	清香

原料 排骨200克，胡萝卜50克，黄豆15克。

调料 姜片、葱花各10克，精盐、味精、料酒各2小匙，白糖1/2小匙，鸡精1小匙，胡椒粉少许。

制作步骤 *Method*

1 黄豆放入清水中泡透；胡萝卜洗净，切成菱形块；排骨洗净，剁成小块。

2 锅置火上，加入适量清水，放入排骨段烧沸，焯烫出血水，捞出冲净。

3 瓦煲置火上，加入清水、排骨段、黄豆、姜片烧沸，转小火煲约30分钟，再放入胡萝卜块。

4 然后加入精盐、味精、白糖、料酒、鸡精、胡椒粉煲约10分钟，撒上葱花，出锅装碗即成。

清炖排骨汤 时间 90分钟 口味 清香

原料 猪排骨950克，白萝卜450克，香菜段少许。

调料 葱段45克，姜片20克，精盐5小匙，味精、胡椒粉各少许，料酒1大匙，鸡汤2450克。

制作步骤 Method

1 将猪排骨用清水洗净，剁成大段；萝卜去皮，洗净，切成大菱形块。

2 锅中加入鸡汤，放入排骨段烧沸，撇净浮沫，再放入葱段、姜片、精盐、味精、料酒、胡椒粉，用中火炖煮片刻。

3 然后转小火煮至排骨将熟，再放入白萝卜块煮至排骨熟嫩，出锅倒入汤碗中，撒上香菜段即可。

冬笋肉皮煲 时间 35分钟 口味 鲜香

原料 水发肉皮200克，冬笋100克，金华火腿20克。

调料 精盐、味精、胡椒粉各1/3小匙，鸡精、料酒各1小匙，香油2小匙，鲜汤900克。

制作步骤 Method

1 将水发肉皮洗净，切成菱形片，放入沸水锅中焯一下，捞出沥水。

2 冬笋去壳，洗净，切成片；火腿切成片，放入沸水锅中略焯，捞出沥水。

3 锅中加入鲜汤，放入水发肉皮、冬笋片、金华火腿，再加入调料烧沸，撇去浮沫。

4 然后转小火煮至肉皮酥糯入味，淋入香油，出锅装碗即成。

萝卜排骨汤 时间 75分钟 口味 香嫩

原料 猪排骨、白萝卜各500克，红枣8枚，枸杞、香菜末各15克。

调料 葱花、姜片各10克，精盐、鸡精各1小匙，胡椒粉2小匙。

制作步骤 Method

1 将猪排骨洗净，剁成小段，放入清水锅中烧沸，焯去血水，捞出冲净；白萝卜去皮，洗净，切成块；红枣、枸杞用清水泡软，洗净。

2 锅中加入适量清水，先下入排骨段、白萝卜、姜片、红枣、枸杞略煮，再加入精盐、鸡精。

3 盖严盖，转小火炖至萝卜块熟烂，然后撒入胡椒粉、香菜末、葱花，即可出锅装碗。

参归猪肝煲

时间 60分钟　**口味** 鲜香

原料　鲜猪肝250克，党参、当归各15克，酸枣仁10克。

调料　姜末、葱末各25克，精盐4小匙，味精1大匙，料酒5小匙。

制作步骤　Method

1　将鲜猪肝洗净，切成片，加入料酒、精盐、味精拌匀；酸枣仁洗净、打碎；党参、当归分别洗净。

2　将党参、当归、酸枣仁放入砂锅中，加入适量清水烧沸，转小火炖煮10分钟。

3　再放入猪肝片煮至变白，然后加入姜末、葱末续炖约30分钟，即可上桌食用。

牛腩炖山药

时间 90分钟　**口味** 香甜

原料　牛腩肉300克，山药250克，香菜末少许。

调料　葱段20克，姜片15克，八角2粒，香叶5克，精盐、味精、鸡精各1小匙。

制作步骤　Method

1　将牛腩肉洗净，切成小块；山药去皮，洗净，切成滚刀块。

2　锅中加入清水，放入牛肉块，用旺火烧开，撇去浮沫，再加入葱段、姜片、八角、香叶。

3　然后转小火炖约1小时，拣出葱段、姜片、八角、香叶，放入山药块。

4　再加入精盐、味精、鸡精续炖5分钟，撒入香菜末，即可出锅装碗。

咸菜牛肉

时间 75分钟　**口味** 咸香

原料　牛肋肉300克，咸菜80克，胡萝卜50克。

调料　葱1棵，姜1块，蒜2瓣，精盐1/2小匙，味精少许，料酒1大匙，香油2小匙，植物油2大匙。

制作步骤　Method

1　将牛肋肉洗净，切成小块；胡萝卜去皮，洗净，切成滚刀块；咸菜洗净，切成丝；葱、姜、蒜分别洗净，均切成末。

2　锅置火上，加入植物油烧热，先下入葱末、姜末、蒜末炝锅，再放入牛肉块煸炒。

3　然后烹入料酒，加入清水烧沸，转小火炖约1小时至牛肉熟烂，放入咸菜丝、胡萝卜块，加入精盐、味精，淋入香油，盛入汤碗内即成。

牛腩萝卜汤 时间60分钟 口味 香辣

原料 牛腩肉、白萝卜各300克，豌豆粒30克。

调料 葱花、姜片、树椒、八角各少许，精盐2小匙，味精1/2小匙，酱油1小匙，料酒、植物油各2大匙。

制作步骤 Method

1 牛腩肉洗净，切成块，入锅焯烫，捞出沥水；白萝卜去皮，洗净，切成厚圆片；豌豆洗净。

2 锅置火上，加入植物油烧热，先下入葱花、姜片、八角、树椒炒出香辣味，再放入牛腩肉煸炒，烹入料酒。

3 然后加入酱油翻炒均匀，倒入适量清水，放入白萝卜片、青豆煮至熟烂，调入味精，出锅装碗即可。

牛肉炖干豆角 时间90分钟 口味 香浓

原料 牛腩肉400克，干豆角200克。

调料 葱段20克，姜片15克，八角2粒，香叶5克，精盐、味精、鸡精各1小匙，香油1/2小匙。

制作步骤 Method

1 将牛腩肉洗净，放入清水中泡去血水，捞出沥干，切成2厘米见方的块；干豆角放入盆中，加入温水浸泡，使其涨发，洗净。

2 锅中加入适量清水，放入牛肉块烧沸，撇去浮沫，再放入葱段、姜片、八角、香叶，转小火焖至九分熟，捞出葱段、姜片、八角、香叶。

3 然后放入干豆角烧至熟透，再加入精盐、味精、鸡精煮匀，淋入香油，出锅装碗即可。

海带炖牛肉 时间60分钟 口味 咸鲜

原料 牛外脊肉300克，水发海带200克。

调料 葱片、花椒、八角、小茴香各少许，精盐、味精各1/2小匙，料酒、酱油各2大匙，白糖1/2大匙，植物油750克(约耗50克)。

制作步骤 Method

1 牛外脊肉洗净，切成小块，放入七成热油锅中炸至变色，捞出；海带洗净，切成象眼片。

2 锅留底油烧热，爆香葱片、花椒、小茴香、八角，烹入料酒，加入酱油、白糖、精盐、清汤。

3 再放入牛肉块煮沸，撇净浮沫，转小火炖至八分熟，然后放入海带片炖至熟烂入味，拣去花椒、八角，加入味精，即可出锅装碗。

金针排骨汤

时间 90分钟　口味 鲜香

原料 猪排骨600克,金针菇150克。

调料 姜片5克,精盐1/2小匙,味精1小匙,白酒1大匙。

制作步骤 *Method*

1 猪排骨洗净,剁成段,放入清水锅中烧沸,焯烫出血水,捞出冲净;金针菇去蒂,洗净,沥去水分。

2 将排骨段放入炖盅内,加入白酒、姜片及适量开水,入锅蒸至排骨熟软。

3 再放入金针菇蒸约10分钟,然后加入精盐、味精调味,取出上桌即可。

罗汉果煲猪蹄

时间 2小时　口味 浓香

原料 猪蹄1个,猪尾骨、胡萝卜各100克,罗汉果2个,枸杞子10克。

调料 姜块10克,精盐、味精、料酒各2小匙,胡椒粉1大匙。

制作步骤 *Method*

1 猪蹄刮洗干净,剁成大块;猪尾骨洗净,切成块;罗汉果洗净,拍破;姜块、胡萝卜分别去皮,洗净,均切成块。

2 瓦煲置火上,放入猪蹄、猪尾骨、罗汉果、料酒、姜块,加入清水烧开,转小火煲1小时。

3 再放入胡萝卜、枸杞子煲约40分钟,加入精盐、味精、胡椒粉调味,出锅装碗即可。

干豆角炖排骨

时间 90分钟　口味 咸香

原料 猪排骨500克,东北干豆角150克。

调料 葱段、姜片、蒜片各10克,精盐、白糖各1小匙,鸡精、花椒粉各1/3小匙,料酒、老抽、米醋各1大匙,植物油2大匙。

制作步骤 *Method*

1 干豆角用清水泡发;猪排骨洗净,剁成块,入锅焯水,捞出,再放入清水锅中煮熟,捞出。

2 锅中加入植物油烧热,下入葱段、姜片、蒜片、花椒粉爆香,加入白糖、老抽和料酒。

3 再放入排骨块翻炒均匀,加入干豆角、米醋和适量煮排骨的原汤烧沸,转小火炖至干豆角熟透,加入精盐、鸡精调味,出锅装碗即可。

黄精瘦肉汤

时间 90分钟 **口味** 香浓

原料 猪瘦肉500克，小白菜100克，胡萝卜1根，黄精(野生姜)35克，鲜香菇5朵。

调料 精盐1小匙。

制作步骤 Method

1　猪瘦肉洗净，切成大块，放入清水锅中焯去血污，捞出冲净；黄精洗净，去皮，拍破。

2　小白菜择洗干净；胡萝卜去皮，洗净，切成花片；香菇去蒂，洗净，一切两半。

3　锅置火上，加入清水烧沸，放入猪肉块，用旺火炖煮20分钟。

4　再放入小白菜、胡萝卜、黄精、香菇，转小火煲约1小时，加入精盐调味，即可出锅装碗。

沙茶羊肉煲

时间 90分钟 **口味** 鲜香

原料 羊肉600克，茼蒿段、豆腐各200克，蛋黄1个，蟹肉棒、鱼丸、鱼糕、炸鹌鹑蛋各50克，青蒜2棵。

调料 沙茶酱5小匙，酱油1大匙，米酒2大匙，五香粉4小匙。

制作步骤 Method

1　豆腐洗净，切小块；青蒜洗净，切成片；蟹肉棒切成段；鸡蛋黄加入沙茶酱调匀成酱汁。

2　锅中加入适量清水烧沸，放入羊肉及酱油、米酒、五香粉炖约1小时，捞出晾凉，切成片。

3　再将豆腐、蟹肉棒、鱼丸、鱼糕及炸鹌鹑蛋放入锅中煮沸，盛入煲中。

4　然后加入茼蒿段、羊肉片及青蒜片煮开，食用时蘸蛋黄沙茶酱即可。

苦瓜排骨汤

时间 50分钟　**口味** 微苦

原料 猪排骨600克，苦瓜1根。

调料 精盐1/2小匙，料酒1大匙，香油1小匙。

制作步骤 *Method*

1 将猪排骨洗净，剁成小段，放入清水锅中烧沸，焯烫出血水，捞出，洗净；苦瓜洗净，剖开去籽，切成大块。

2 将排骨段放入炖盅内，加入适量清水、料酒，入锅用旺火蒸20分钟。

3 再放入苦瓜块，续蒸约20分钟，然后加入精盐调味，淋入香油，取出上桌即可。

粟米炖排骨

时间 75分钟　**口味** 咸香

原料 猪排骨500克，玉米2个。

调料 香葱花10克，精盐1小匙，味精、料酒各1大匙。

制作步骤 *Method*

1 猪排骨用清水浸泡，洗净，剁成段，再放入清水锅中烧沸，焯烫3分钟以去除血水，捞出；玉米洗净，切成小条。

2 砂锅置火上，加入适量清水、料酒，再放入排骨段、玉米条煮沸。

3 转小火炖约1小时至排骨熟烂，然后加入精盐、味精调味，出锅装碗，撒上香葱花即可。

Part 3

禽蛋豆制品

《滋养汤煲王》

白玉双菌汤

时间 **40**分钟 | 口味 **鲜香**

原料 老豆腐400克，竹荪50克，干香菇20克。

调料 姜片5克，葱花少许，精盐1/2小匙，味精、胡椒粉各1/3小匙，鸡精、香油各1小匙，鲜汤1000克，熟猪油适量。

制作步骤 *Method*

1 老豆腐片去老皮，洗净，切成2厘米大小的片，放入沸水锅中焯烫一下，捞出沥水。

2 竹荪用淡盐水洗净，涨发，先切去菌盖，再切成小段；干香菇用清水浸泡至软，去根和杂质，洗净，切成小块。

3 锅置火上，加入清水烧沸，下入竹荪段和香菇块焯烫一下，捞出沥水。

4 净锅置火上，加入熟猪油烧热，先下入姜片煸炒出香味，倒入鲜汤烧沸，捞出姜片不用。

5 再放入豆腐片稍煮，下入竹荪和香菇烧沸，撇净表面浮沫。

6 然后加入精盐、味精、胡椒粉烧煮入味，出锅盛入汤碗内，淋入香油，撒上葱花即成。

鸽肉萝卜汤

 时间 60分钟 ｜ 口味 清香

原料 净乳鸽1只(约200克)，白萝卜100克，胡萝卜50克，橙皮丝少许。

调料 葱丝、姜片各少许，精盐1小匙，料酒1大匙。

制作步骤 Method

1 将乳鸽洗净，剁去头、爪，斩成大块，再放入清水锅中烧沸，焯去血污，捞出冲净。

2 白萝卜、胡萝卜分别去皮，用清水洗净，均切成小方块。

3 锅中加入适量清水，先下入鸽肉烧沸，再放入姜片、料酒、白萝卜、胡萝卜、橙皮。

4 转小火煲约40分钟，然后加入精盐调味，撒入葱丝，即可出锅装碗。

白果腐竹炖乌鸡

时间 2小时 ｜ 口味 香浓

原料 净乌鸡1只（约700克），水发腐竹200克，白果150克。

调料 葱结20克，姜片3片，精盐1大匙，味精、料酒各4小匙，鸡精1大匙，胡椒粉2大匙。

制作步骤 Method

1 净乌鸡剁成骨牌块，放入清水锅中烧沸，煮约8分钟，捞出洗净。

2 白果去壳、去心；水发腐竹切成3厘米长的段，入锅焯透，捞出过凉，挤干水分。

3 锅置火上，加入适量清水，放入乌鸡块、白果和腐竹段烧沸，再加入精盐、味精、鸡精和胡椒粉。

4 倒入汤盆中，用双层牛皮纸封口，上笼用中火蒸约2小时至鸡块软烂，取出，揭纸上桌即可。

红焖香辣鸡块

时间 60分钟 口味 香辣

原料 鸡肉350克，大白菜叶200克，香菜段10克。

调料 葱段10克，姜片8克，干辣椒节5个，精盐、味精、料酒、香油各2小匙，鸡精、胡椒粉、郫县豆瓣酱各1大匙，植物油100克。

制作步骤 ·Method

1 鸡肉洗净，剁成小块，放入清水锅中烧沸，煮约3分钟，捞出，用清水洗去污沫，沥水。

2 锅置火上，加入植物油烧热，先下入姜片、葱段和干椒节炸香，再放入豆瓣酱炒香出色。

3 然后放入鸡肉块煸炒至水分收干，烹入料酒，加入适量清水烧沸，撇去浮沫。

4 转中火炖至鸡块八分熟时，放入大白菜叶，加入精盐、味精、鸡精、胡椒粉。

5 焖至鸡肉块软烂入味时，盛入大汤碗中，淋入香油，撒上香菜段即可。

陈皮老鸭蘑菇汤

时间 2小时 口味 鲜香

原料 净老鸭1只，莴笋200克，蟹味菇50克，鲜橘皮丝少许。

调料 陈皮10克，精盐1小匙，胡椒粉适量。

制作步骤 ·Method

1 将老鸭洗净，剁去头、脚，斩成大块，再放入清水锅中烧沸，焯烫一下，捞出冲净。

2 蟹味菇洗净；陈皮用清水泡软，刮去内膜；莴笋去皮，留嫩叶，洗净，沥干，切成小条。

3 锅中加入清水，先下入鸭块、莴笋、蟹味菇、陈皮烧沸，再转小火煲约2小时。

4 然后放入莴笋叶、精盐、胡椒粉煮至入味，再撒入橘皮丝，出锅装碗即可。

全鸡清汤 时间80分钟 口味鲜香

原料 去鸡胸肉的鸡架1个，水发木耳25克。

调料 姜块、葱段、精盐、味精、料酒各适量。

制作步骤 ❤Method

1 将鸡架用清水洗净，沥去水分；水发木耳去蒂、洗净，沥去水分。

2 砂锅置中火上，加入适量清水，放入鸡架，再加入木耳、姜块、葱段、料酒烧沸。

3 撇去浮沫，转小火煮约1小时，然后加入精盐、味精调味，转旺火稍煮，出锅装碗即成。

鸡爪冬瓜汤 时间60分钟 口味清香

原料 鸡爪10只，冬瓜200克，红枣6枚。

调料 精盐1大匙，味精2小匙。

制作步骤 ❤Method

1 将鸡爪洗净，剁去爪尖，撕去老皮，再放入清水锅中烧沸，焯烫一下，捞出冲净。

2 红枣洗净，去除果核；冬瓜洗净，去皮及瓤，切成大块。

3 净锅置火上，加入适量清水，先下入鸡爪用旺火烧沸，再放入冬瓜块、红枣。

4 转小火煮至鸡爪熟烂，然后加入精盐、味精调好口味，即可出锅装碗。

首乌鸭肝汤 时间90分钟 口味鲜香

原料 净鸭肝500克，干首乌25克。

调料 精盐1小匙，味精1/2小匙，胡椒粉少许，清汤1000克。

制作步骤 ❤Method

1 将鸭肝洗净，用清水浸泡30分钟，捞出冲净，切成小块；首乌放入清水中泡软，洗净，沥干，切成小片。

2 砂锅置火上，加入清汤烧沸，先下入首乌片熬煮30分钟，再放入鸭肝块续煮10分钟。

3 撇去表面浮沫，然后加入精盐、味精、胡椒粉调好口味，即可出锅装碗。

当归红花鸡汤

原料 净母鸡1只，甜橙1个，当归15克，无花果2粒，红花3克。

调料 精盐2小匙。

制作步骤 *Method*

1. 将母鸡洗净，剁去头、爪，斩成大块，再放入清水锅中烧沸，焯去血污，捞出冲净。
2. 甜橙去皮，分成小瓣；无花果洗净，切成两半；当归、红花分别洗净，沥干水分。
3. 锅中加入适量清水，先下入鸡块、甜橙瓣、当归、红花、无花果，用旺火烧沸。
4. 再转小火煲约2小时，然后加入精盐调味，即可出锅装碗。

人参乌鸡汤

原料 乌鸡1只，鲜人参1根。

调料 姜片10克，精盐2小匙，味精1小匙。

制作步骤 *Method*

1. 将鲜人参刷洗干净(不要将参须弄断)；乌鸡宰杀，去毛、去内脏，洗涤整理干净。
2. 锅置火上，加入清水，放入乌鸡烧沸，焯煮5分钟，捞出冲净，剁成大块。
3. 坐锅点火，加入适量清水，先下入姜片、鸡块、人参烧沸，再转中火煲约1.5小时。
4. 然后加入精盐、味精，转小火续煮10分钟至鸡肉熟烂脱骨时，即可出锅装碗。

核桃百合煲乳鸽

原料 乳鸽1只，鲜淮山药150克，干百合50克，核桃仁、枸杞子各10克。

调料 精盐1大匙，味精1小匙，鲜牛奶适量。

制作步骤 *Method*

1. 将乳鸽宰杀，去毛、去内脏，洗涤整理干净；淮山药去皮，洗净，切成滚刀块；核桃仁、百合、枸杞子放入温水中泡透，捞出沥干。
2. 砂锅上火，加入适量清水，先下入乳鸽、核桃仁、百合、枸杞子烧沸，撇去表面浮沫。
3. 再转小火炖煮50分钟，然后放入淮山药和鲜牛奶续煮15分钟，加入精盐调好口味，即可出锅装碗。

香菇时蔬炖豆腐

时间 30分钟 口味 清香

原料 豆腐1块，水发香菇50克，胡萝卜少许。

调料 葱末、姜末各5克，精盐、味精各1/2小匙，酱油1大匙，花椒粉、香油、植物油各适量。

制作步骤 Method

1. 将香菇去蒂，洗净，切成小块；豆腐洗净，切成小块；胡萝卜去皮，洗净，切成象眼片；分别放入沸水锅中焯透，捞出沥干。

2. 锅中加入底油烧热，先下入葱末、姜末、花椒粉炒香，添入适量清水。

3. 再放入豆腐、香菇、胡萝卜片、酱油、精盐，用旺火烧沸，然后转小火炖至入味，加入味精，淋入香油，即可出锅装碗。

金针鸡肉汤

时间 15分钟 口味 鲜香

原料 鸡肉150克，干黄花菜(金针菜)60克，干冬菇3朵，干黑木耳20克。

调料 葱花15克，精盐、味精各1小匙。

制作步骤 Method

1. 黄花菜、木耳、冬菇用清水泡发，择洗干净，冬菇切成丝，木耳撕成小朵；鸡肉洗净，切成细丝，加入少许精盐拌匀，腌渍片刻。

2. 锅中加入适量清水，先下入黄花菜、冬菇丝、木耳烧沸，再转小火煮约3分钟。

3. 然后放入鸡肉丝煮至熟嫩，加入葱花、精盐、味精煮匀，即可出锅装碗。

乌骨鸡莼菜汤

时间 60分钟 口味 香浓

原料 净乌鸡1只，莼菜(罐头)100克，党参20克，黄芪15克，枸杞子10粒。

调料 葱段、姜片各少许，精盐1小匙，黑胡椒粉1/2小匙，料酒1大匙。

制作步骤 Method

1. 将乌鸡洗净，剁去头、脚，斩成大块，再放入清水锅中，加入料酒焯烫一下，捞出冲净；党参、枸杞子、黄芪洗净，沥干水分。

2. 锅中加入适量清水，先下入鸡块、葱段、姜片、党参、枸杞、黄芪炖煮40分钟。

3. 再放入莼菜续煮3分钟，然后加入精盐、黑胡椒调味，即可出锅装碗。

西洋菜煲鸡肾

时间 50分钟　口味 鲜香

原料 鸡腰子3个，西洋菜30克，红枣5枚。

调料 姜片10克，精盐、味精各1大匙，白糖1/2大匙，胡椒粉少许，料酒、熟猪油各2小匙。

制作步骤 Method

1 西洋菜去根，洗净；鸡肾用清水反复冲洗，再放入清水锅中烧沸，略焯一下，捞出沥干；红枣泡软，洗净。

2 砂锅置火上，加入熟猪油烧热，先放入姜片、鸡肾、料酒爆炒片刻，添入适量清水。

3 再加入红枣，用小火煲约30分钟，然后放入西洋菜，加入精盐、味精、白糖、胡椒粉，转中火续煮10分钟，即可出锅装碗。

山药莲子煲乌鸡

时间 90分钟　口味 香甜

原料 净乌鸡1只，山药100克，干莲子50克，苋菜20克，枸杞子10克。

调料 姜片、蒜末各15克，精盐、高汤精、料酒各1大匙，白糖、米醋、香油各1/2小匙。

制作步骤 Method

1 乌鸡洗净，剁成大块；山药去皮，洗净，切成小块；莲子用清水泡透；苋菜洗净，切成小段。

2 砂锅中加入清水，先下入姜片、鸡块、莲子、山药煲约1小时，再加入枸杞略煮，关火。

3 净锅加入少许清水烧沸，放入苋菜、蒜末、精盐、米醋、白糖、高汤精、香油煮匀，倒入砂锅中，上桌即可。

豆豉葱白炖鸡腿

时间 45分钟　口味 豉香

原料 鸡腿2只(约400克)。

调料 葱白25克，精盐1小匙，味精1/2小匙，豆豉2大匙，料酒1大匙。

制作步骤 Method

1 将豆豉放入烧至六成热的油锅中炒出香味，盛入碗中；葱白洗净，用刀拍松。

2 鸡腿洗净，剁成大块，再放入清水锅中烧沸，焯烫一下，捞出冲净。

3 砂锅上火，加入适量清水，先下入炒好的豆豉、鸡腿、葱白、料酒，用旺火烧沸。

4 再转小火炖煮至熟，然后加入精盐调味，即可出锅装碗。

老鸭烩土豆

时间 75分钟　**口味** 香甜

原料 土豆500克，老鸭肉200克，猕猴桃2个，红苹果1个，洋葱粒少许。

调料 葱段、姜片各5克，精盐、黑胡椒粉各少许，三花淡奶2大匙，清汤适量。

制作步骤 *Method*

1 老鸭肉洗净，剁成块，放入清水锅中，加入葱段、姜片烧沸，焯烫去血污，捞出沥水。

2 土豆去皮，洗净，切成块；猕猴桃去皮，切成块；苹果洗净，去籽，切成块。

3 锅中加入清汤、三花淡奶烧沸，放入老鸭块、土豆块、猕猴桃、苹果块，加入调料烧烩至熟透入味，撒入洋葱粒，出锅装碗即可。

凤爪胡萝卜汤

时间 60分钟　**口味** 香浓

原料 鸡爪8只，猪排骨200克，胡萝卜块50克，红枣6枚。

调料 精盐、味精各1大匙。

制作步骤 *Method*

1 将鸡爪洗净，剁去爪尖，撕去老皮；猪排骨洗净，剁成大块，同鸡爪一起放入清水锅中烧沸，焯烫一下，捞出冲净。

2 锅置火上，加入适量清水，放入鸡爪、胡萝卜块、猪排骨、红枣，用旺火烧沸。

3 再转小火煮至鸡爪、排骨熟烂，然后加入精盐、味精调味，即可出锅装碗。

鸡汤烩菜青

时间 15分钟 **口味** 清香

原料 鸡胸肉100克，胡萝卜、油菜心各50克，粉丝20克，草菇2朵。

调料 精盐1大匙，味精1小匙，胡椒粉2大匙，鸡汤适量。

制作步骤 *Method*

1 鸡胸肉洗净，切成丝；粉丝用温水泡软，切成段；胡萝卜洗净，切成片；油菜心洗净；草菇择洗干净，切成片。

2 锅置火上，加入鸡汤烧沸，放入鸡肉丝、粉丝、胡萝卜片、油菜心、草菇。

3 再加入精盐、胡椒粉、味精烩至胡萝卜熟烂，盛入汤碗中即可。

五珍养生鸡

时间 2小时 **口味** 香浓

原料 黄母鸡1只（约1500克），黄精、枸杞子、女贞子、首乌各20克，旱莲草15克。

调料 姜片、葱白段各10克，精盐4小匙，味精2小匙，料酒1大匙。

制作步骤 *Method*

1 黄精、枸杞子、女贞子、首乌、旱莲草分别切碎，装入纱布袋中扎口，放入温水中浸泡。

2 黄母鸡宰杀，洗涤整理干净，剁成3厘米见方的块，放入清水锅中烧沸，焯去血水，捞出。

3 汤锅置火上，放入鸡块、姜片、葱白段和纱布袋，加入适量清水、料酒，用旺火烧沸。

4 再转小火炖约1.5小时至熟软，然后加入精盐、味精续炖约20分钟，拣出料包、葱白段、姜片，出锅装碗即可。

什锦蛋丁汤

时间 25分钟　口味 清香

原料 鸡蛋4个，豆苗100克，猪瘦肉、蘑菇、净冬笋、滑熟虾仁各50克，熟火腿、罐头青豆各25克。

调料 葱段10克，精盐2小匙，味精、胡椒粉各少许，鸡油1大匙，鸡汤1250克。

制作步骤 *Method*

1 熟火腿、猪瘦肉、蘑菇、冬笋分别洗净，均切成小片，放入碗中，加入鸡汤，上屉蒸10分钟，取出；豆苗择洗干净。

2 鸡蛋磕开，蛋清和蛋黄分别装入碗内，蛋清中加入1/3鸡汤，蛋黄中加入1/2的清汤，再分别加入少许精盐搅匀。

3 取两个深边盘子，涂抹上少许熟鸡油，分别倒入鸡蛋清和鸡蛋黄。

4 上屉蒸熟，取出晾凉，用刀划成1.5厘米见方的蛋黄丁和蛋白丁。

5 锅中加入鸡汤烧沸，再放入虾仁、火腿片、猪肉、蘑菇、冬笋烧沸。

6 然后放入蛋白丁和蛋黄丁煮透，撇去浮沫，加入精盐和味精推匀。

7 最后放入豌豆苗煮至变色，撒上胡椒粉，放入青豆，淋上香油，出锅盛入汤碗中即可。

豌豆鸡丝汤

时间 **25分钟** 口味 **鲜香**

原料 鸡胸肉200克，鲜豌豆100克，红樱桃2个，鸡蛋清适量。

调料 精盐、味精、料酒、水淀粉、鲜汤、植物油各适量。

制作步骤 *Method*

1 鲜豌豆洗净，放入沸水锅中快速焯烫一下，捞出豌豆，迅速放入冷水中浸凉。

2 鸡胸肉剔去筋膜，洗净，沥水，先片成薄片，再切成丝，放入碗中，加入鸡蛋清、少许精盐和水淀粉拌匀上浆。

3 锅置火上，加入植物油烧至四成热，下入鸡肉丝滑散变色，捞出沥油。

4 锅留底油烧热，先下入葱丝、姜丝炒出香味，烹入料酒，倒入鲜汤烧沸，捞出葱丝、姜丝不用。

5 再放入鸡肉丝和豌豆粒，用旺火烧沸，加入精盐、味精调好口味，撇去表面浮沫。

6 然后用水淀粉勾薄芡，出锅盛入碗中，放上红樱桃点缀即可。

枸杞鸡肝汤

时间 40分钟　口味 鲜香

原料 鸡肝4个，鸡骨头100克，枸杞子30粒，枸杞嫩枝叶1束。

调料 精盐、胡椒粉各少许，姜汁小匙，料酒1大匙。

制作步骤 ·Method

1 枸杞嫩叶择下，与枸杞枝一起洗净；鸡骨头洗净，剁断，与枸杞枝一起放入清水锅中熬煮成浓汤。

2 鸡肝洗净，切成小块，放入沸水锅中焯烫一下，捞出，用清水洗净，再加入姜汁拌匀。

3 浓汤锅中放入枸杞子，用中火煮30分钟，再放入鸡肝块、枸杞叶，加入精盐、料酒煮沸，撒入胡椒粉调味，出锅装碗即可。

酸辣鸡蛋汤

时间 10分钟　口味 酸辣

原料 鸡蛋2个，红辣椒、香菜各15克。

调料 精盐、酱油各2小匙，米醋、水淀粉、香油各1小匙，清汤适量。

制作步骤 ·Method

1 鸡蛋磕入碗中搅匀；香菜择洗干净，切成小段；红辣椒洗净，去蒂及籽，一切两半。

2 锅置火上，加入适量清汤，放入红辣椒、精盐、米醋、酱油烧沸，撇去表面浮沫。

 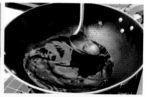

3 再用水淀粉勾薄芡，淋入鸡蛋液煮至定浆，起锅盛入汤碗中，撒上香菜段，淋入香油，即可上桌食用。

鸡肉丸子汤

时间 **15分钟** | 口味 **鲜香**

原料 鸡肉末200克，香菇4个，香菜15克，干海带5克。

调料 姜块、辣椒碎各15克，精盐1小匙，水淀粉3大匙，大酱4大匙。

制作步骤 ✐Method

1 姜块削去外皮，洗净，切成小粒，放入纱布内挤出汁，放入小碗中。

2 鸡肉末放入大碗中，加入水淀粉、姜汁、精盐调匀成糊状；香菜择洗干净，切成3厘米长的段；大酱放入碗中，加入150克凉开水调稀。

3 鲜香菇去根，洗净，每个切成4瓣；干海带用清水泡软，洗净泥沙，用剪子剪成佛手形。

4 锅中加入适量清水，放入海带煮沸，捞出海带不用，再把鸡肉糊挤成24个小丸子。

5 放入锅中煮熟，然后加入大酱、香菇、香菜段煮约2分钟，撒入辣椒碎，出锅装碗即可。

空心菜豆腐汤

时间 **20分钟** | 口味 **鲜香**

原料 冻豆腐1块，空心菜100克，竹荪50克。

调料 精盐少许，鸡精1/2小匙，高汤适量。

制作步骤 ✐Method

1 将冻豆腐解冻，洗净，切成方块；空心菜择洗干净，切成小段。

2 将竹荪用清水泡透，择洗干净，切去两端，再切成段。

3 锅置火上，加入高汤、精盐烧沸，下入冻豆腐块、竹荪段、鸡精煮至入味。

4 再放入空心菜煮至翠绿色，出锅装碗，即可上桌食用。

菜胆炖仔鸡 时间 3 小时 口味 清淡

原料 净仔鸡半只, 胡萝卜100克, 菜胆适量, 金华火腿片25克。

调料 姜2片, 精盐适量。

制作步骤 Method

1 将仔鸡洗净, 剁成大块, 放入清水锅中焯水, 捞出冲净, 沥水。

2 菜胆洗净, 放入沸水锅中焯烫至软, 捞出过凉, 沥水; 胡萝卜去皮, 洗净, 切成厚片。

3 将菜胆放入炖盅内, 再放入仔鸡块、胡萝卜片、火腿片、姜片。

4 入锅用旺火隔水炖30分钟, 再转小火炖约2小时, 加入精盐调味, 取出上桌即成。

莲蓬豆腐汤 时间 15 分钟 口味 鲜香

原料 大豆腐1块, 青豆少许, 油菜1棵。

调料 精盐1小匙, 味精1/2小匙, 葱油少许, 清汤适量。

制作步骤 Method

1 将大豆腐片去老皮, 洗净, 放入容器中捣成豆腐泥, 再加入精盐、味精搅拌均匀。

2 取适量豆腐泥拍成小圆饼形, 再用青豆点缀, 做成莲蓬形状, 入锅蒸熟, 取出。

3 锅中添入清汤, 加入精盐、味精烧沸, 再放入"莲蓬"豆腐饼、油菜煮沸, 淋入葱油, 出锅装碗即成。

煎豆腐氽菠菜 时间 15 分钟 口味 鲜香

原料 豆腐1块, 菠菜200克, 虾仁10克。

调料 葱花少许, 精盐1小匙, 味精1/2小匙, 清汤适量, 植物油3小匙。

制作步骤 Method

1 将豆腐洗净, 切成小薄片; 菠菜择洗干净, 切成小段, 放入沸水锅中焯烫一下, 捞出, 沥去水分。

2 锅中加入植物油烧热, 下入豆腐片煎至两面呈金黄色时, 放入葱花, 添入清汤烧沸。

3 再放入虾仁, 加入精盐、味精煮3分钟, 然后放入菠菜段稍煮, 出锅装碗即可。

鸡肉炖冬瓜

时间 **60** 分钟　口味 **清香**

原料 净鸡肉250克,冬瓜150克。

调料 葱花、姜末各5克,精盐、料酒各1小匙,味精1/2小匙。

制作步骤 ♥*Method*

1 将冬瓜去皮、去瓤,洗净,切成菱形片;鸡肉洗净,剁成小块。

2 锅置火上,放入鸡块,添入清水没过鸡块,再加入料酒、姜末烧沸,撇去浮沫。

3 然后转小火炖至鸡块熟烂时,放入冬瓜片炖熟,加入葱末、精盐、味精调好口味,出锅装碗即成。

木耳炖豆腐

时间 **20** 分钟　口味 **鲜香**

原料 豆腐500克,水发木耳100克。

调料 葱花10克,姜丝5克,精盐1小匙,鸡精少许,植物油1大匙。

制作步骤 ♥*Method*

1 将水发木耳择洗干净,撕成小朵;豆腐洗净,切成薄片。

2 锅置火上,加入植物油烧热,下入葱花、姜丝煸炒出香味,再放入豆腐片、木耳炒匀。

3 然后加入精盐、鸡精和适量清水,用旺火烧沸,转小火炖至豆腐入味,出锅装碗即成。

核桃炖乳鸽

时间 **45** 分钟　口味 **香浓**

原料 净乳鸽1只,核桃仁50克,淮山30克。

调料 葱段、姜块各5克,精盐、味精、料酒各1小匙,胡椒粉少许。

制作步骤 ♥*Method*

1 将核桃仁用沸水烫去皮,洗净;淮山去皮,洗净,切成片,放入清水中浸泡;乳鸽剁去脚爪,洗净。

2 炖锅置火上,放入乳鸽块、姜块、葱段、核桃仁、淮山片,再加入料酒、适量清水,用大火烧沸。

3 转小火炖煮35分钟,然后加入精盐、味精、胡椒粉调味,出锅装碗即成。

豆豉炖鸡腿

原料 鸡腿2个。

调料 葱白2根，豆豉2大匙，味精1小匙，米酒1大匙，植物油少许。

制作步骤 Method

1 鸡腿洗净，剁成块，放入清水锅中烧沸，焯烫一下，捞出控水；葱白洗净，拍松。

2 锅置火上，加入植物油烧热，放入豆豉炒香，盛入碗中。

3 砂锅中放入豆豉、鸡腿块、葱白，加入米酒、适量清水没过原料，用大火烧沸，再转小火炖至熟烂，加入精盐调味，出锅装碗即可。

高丽参炖鸡

原料 净仔鸡1只，糯米100克，高丽参9克，香菇5朵，龟板6克，远志3克。

调料 精盐适量。

制作步骤 Method

1 将仔鸡洗涤整理干净，剁成块；香菇用清水泡软，去蒂，洗净，片成小片。

2 糯米用清水泡透，捞出沥干；高丽参、远志、龟板洗净，放入鸡腹中，再填入糯米。

3 将仔鸡放入砂锅中，加入适量清水烧沸，转小火炖约1小时至仔鸡熟烂，再加入精盐调味，取出远志、龟板，出锅装碗即可。

银耳炖双鸽

原料 净乳鸽2只，银耳40克，鸭肾4个，腊鸭肾1个。

调料 葱段10克，陈皮、姜片各5克，精盐1小匙，鸡精少许，酱油、熟猪油各2小匙，料酒、植物油各2大匙，高汤300克。

制作步骤 Method

1 乳鸽洗净，入锅焯烫一下，取出；鲜鸭肾撕去内膜，洗净；腊鸭肾用热水浸软，洗净，切成块；银耳用清水泡发，择洗干净，撕成小朵。

2 乳鸽、鸭肾、银耳、陈皮、姜片放入炖盅内，加入料酒、葱段、精盐、酱油、熟猪油、植物油。

3 添入高汤，盖上盖，放入沸水锅中，隔水用小火炖约2小时，取出，加入鸡精即可。

银耳炖乳鸽

时间 **90** 分钟　口味 **香浓**

原料 净乳鸽1只,银耳30克,杏仁20克。

调料 姜1片,精盐适量,料酒1大匙。

制作步骤 *Method*

1 将乳鸽洗净,切成两半;银耳用清水泡发,择洗干净,撕成小朵;杏仁洗净,沥水。

2 锅中加入清水,放入乳鸽烧沸,焯烫约3分钟,捞出沥干。

3 砂锅置火上,加入适量清水烧沸,再放入乳鸽、银耳、杏仁,加入料酒烧沸。

4 然后放入蒸锅中,用旺火隔水炖约1小时,加入精盐调味,出锅装碗即可。

银耳鸽蛋汤

时间 **60** 分钟　口味 **香甜**

原料 鸽蛋6个,银耳50克。

调料 冰糖、熟猪油各适量。

制作步骤 *Method*

1 将银耳用温水泡透,除去杂质,洗净,沥水,撕成小朵。

2 取6个小酒盅,抹上熟猪油,打入鸽蛋,上笼用小火蒸约3分钟至熟,取出后将鸽蛋起出,放入清水中漂凉,捞出沥水。

3 不锈钢锅置火上,加入适量清水,先放入银耳煮约30分钟。

4 再加入冰糖续煮约20分钟,然后放入鸽蛋煮约3分钟,即可出锅装碗。

鱼末肉粒豆腐煲

时间 **25** 分钟　口味 **鲜香**

原料 豆腐300克,猪瘦肉粒200克,炸好的鱼末、蛋清各10克。

调料 青蒜粒15克,精盐、味精、胡椒粉、料酒、清汤、水淀粉、香油、植物油各适量,上汤200克。

制作步骤 *Method*

1 豆腐切成小方块,放入沸水锅中,加入少许精盐略煮,捞出沥干;猪瘦肉粒加入少许精盐、蛋清、水淀粉抓匀,入热油锅中滑熟,盛出。

2 锅留底油烧热,爆香青蒜粒和一半鱼末,再放入猪肉粒、豆腐块,烹入料酒,添入上汤。

3 加入胡椒粉、精盐、味精煮沸,用水淀粉勾芡,淋入香油,倒入瓦煲中,撒上鱼末即可。

虾米豆腐羹

原料 嫩豆腐400克，猪瘦肉75克，熟笋50克，虾米10克。

调料 葱末、胡椒粉、味精各少许，酱油3大匙，水淀粉2大匙，鲜汤350克，熟植物油适量。

制作步骤 Method

1. 将豆腐洗净，切成小块，放入沸水锅中焯水，捞出，用冷水漂清，沥干水分；猪瘦肉、熟笋分别洗净，均切成小丁。

2. 锅置火上，加入鲜汤、熟笋丁、猪肉丁、虾米、豆腐块、酱油烧沸。

3. 再加入味精，用水淀粉勾芡，淋入熟植物油，撒上葱末、胡椒粉，出锅装碗即可。

荔芋香鸭煲

时间 60分钟 | 口味 香甜

原料 香鸭半只，芋头1个，青蒜段15克。

调料 葱段10克，姜片5克，精盐5小匙，味精、鸡精各2小匙，白糖4小匙，椰奶3大匙，料酒2大匙，老抽、植物油各1大匙，鲜汤240克。

制作步骤 Method

1. 芋头去皮，洗净，切成滚刀块；香鸭洗净，剁成块，加入少许老抽、精盐、料酒腌渍入味。

2. 锅中加油烧热，下入芋头块炸至金黄色，再放入鸭块炸至金红色且刚熟，捞出沥油。

3. 锅留底油烧热，下入香葱段、姜片、鸭块炒香，烹入料酒，倒入鲜汤烧沸。

4. 加入椰奶、白糖、精盐、味精、鸡精炖至软烂，再放入芋头块炖约5分钟至绵软时，离火。

5. 砂锅加入植物油烧至冒烟，端至盘上，倒入炖好的芋头、鸡块，撒上青蒜段，上桌即成。

三色豆腐羹

时间 **10分钟** 口味 **鲜滑**

原料 嫩豆腐1盒, 熟鸡血丁、鲜蘑丁、鸡蛋各50克。

调料 姜丝5克, 精盐、鸡精各1小匙, 水淀粉、植物油各1大匙, 猪骨汤1200克。

制作步骤 Method

1 嫩豆腐取出, 切成小丁, 与熟鸡血丁、鲜蘑丁分别入锅焯水, 捞出沥水。

2 鸡蛋磕入碗中打散, 倒入热油锅中摊成蛋皮, 取出, 切成小片。

3 锅中加入植物油烧至五成热, 先下入姜丝炒香, 再放入猪骨汤、精盐、鸡精烧沸。

4 然后放入鸡血丁、鲜蘑丁、嫩豆腐丁、蛋皮片煮沸, 用水淀粉勾芡, 即可出锅装碗。

桂花鸭煲

时间 **90分钟** 口味 **香甜**

原料 活肥鸭1只 (约1500克), 毛芋头3个, 桂花1克。

调料 精盐1小匙, 味精1大匙, 料酒3大匙。

制作步骤 Method

1 将活鸭宰杀, 放入八九成热的水中烫一下, 迅速翻滚, 去毛后洗净。

2 在翅膀下开口, 取出内脏, 洗净, 剁成24块, 入锅焯烫一下, 捞出沥水。

3 毛芋头剥去外皮, 洗净, 放入清水锅中煮3分钟, 捞出过凉, 沥去水分。

4 砂锅置火上, 加入适量清水, 放入鸭块烧沸, 撇去浮沫, 转小火炖至八分熟。

5 再放入毛芋头炖煨30分钟, 待鸭块和芋头炖至熟烂时, 加入精盐、料酒、味精、桂花, 用旺火烧沸, 出锅装碗即成。

绣球燕菜汤

时间 45分钟 口味 咸香

【原料】 鸡胸肉100克，生燕菜10克，香菜段、胡萝卜丝、油菜叶丝、熟蛋皮丝、鸡蛋清、火腿丝各少许。

【调料】 精盐、味精各1/2小匙，食用碱少许，料酒1大匙，清汤、鲜鸡汤各适量。

【制作步骤】 *Method*

1 鸡胸肉洗净，去净筋膜，剁成泥状，放入碗中，加入鸡蛋清、少许精盐、味精、料酒拌匀成鸡蓉馅料。

2 燕菜放入温水中浸泡至透，捞出后摘净绒毛和杂质，再放入温水中反复浸泡并洗涤几次，沥干水分。

3 锅中加入适量清汤烧沸，放入燕菜焯烫一下，再加入食用碱烘一下。

4 用慢火焯烫并用筷子轻轻搅动两下(速度要特快)至燕菜涨发好。

5 捞出涨发好的燕菜，换水清洗以去除碱水，再用开水冲去燕菜中的碱味，放在大碗中。

6 取少许鸡蓉团成小丸子，均匀地滚上蛋皮丝、油菜丝、胡萝卜丝，上屉用旺火蒸至熟透，取出后摆放在燕菜周围。

7 锅中加入鲜鸡汤、精盐、味精、料酒烧沸，倒入燕菜碗内，撒上熟火腿丝、香菜段即成。

毛豆粒豆腐汤

时间	口味
40分钟	鲜香

[原料] 豆腐2块，鲜毛豆粒100克，鸡皮75克，熟火腿片、水发口蘑片、干海米各10克。

[调料] 葱段、姜末、精盐、味精、料酒、鲜汤、香油各适量。

制作步骤 *Method*

1 毛豆粒洗净，放入沸水锅中焯烫一下，捞出过凉，挤去毛豆粒的皮膜。

2 豆腐片去四周老皮，切成菱形小片，放入沸水锅中焯烫一下，捞出沥干。

3 鸡皮洗净，放入清水锅内，加入葱段和少许料酒煮熟，捞出鸡皮过凉，沥去水分，切成象眼片；干海米用温水洗净，上屉蒸至熟软，取出。

4 汤锅置火上，加入鲜汤、料酒、精盐烧沸，放入火腿片、海米熬煮至香，撇去浮沫。

5 再下入豆腐片、熟鸡皮片、口蘑片、毛豆粒烧沸，煮约5分钟。

6 撇去表面浮沫，然后加入味精，淋入香油，出锅装碗即成。

笋干老鸭煲
时间 2 小时　口味 香浓

原料 净老鸭1只(约1000克),笋干100克,火腿50克,枸杞子10克。

调料 姜片10克,精盐2小匙,料酒2大匙。

制作步骤 Method

1 将老鸭洗净,剁成大块,再放入清水锅中烧沸,焯烫一下,捞出冲净;笋干、枸杞子洗净;火腿洗净,切成小片。

2 砂锅置火上,加入适量清水,先下入鸭块、笋干、枸杞子、火腿、姜片、料酒烧沸。

3 再转小火炖煮2小时,然后加入精盐调味,即可出锅装碗。

大枣乌鸡煲
时间 90 分钟　口味 香浓

原料 乌鸡1只,长寿草、枸杞子各20克,大枣10枚。

调料 葱白段30克,姜块(拍破)15克,精盐4小匙,味精2小匙,胡椒粉5小匙,料酒2大匙。

制作步骤 Method

1 将乌鸡洗涤整理干净,剁去爪;长寿草洗净,切成段;大枣洗净,去核;枸杞子洗净。

2 将乌鸡腹部朝上放入炖锅内,再放入大枣、长寿草、枸杞子、姜块、葱白段、料酒。

3 加入适量清水,用旺火烧沸,撇去浮沫,转小火炖约1小时至鸡肉酥烂。

4 拣去葱段、姜块不用,然后加入精盐、味精、胡椒粉调味,倒入煲仔内,上桌即成。

虫草炖乳鸽

时间 **2** 小时 | 口味 **香浓**

原料 净乳鸽2只，冬虫夏草少许。

调料 葱结、姜片各10克，精盐、胡椒粉各4小匙，味精1大匙，鸡精、料酒各2小匙。

制作步骤 ▶ Method

1 乳鸽洗净，放入清水锅中烧沸，煮约5分钟，捞出，冲净浮沫，揾干水分；冬虫夏草洗净。

2 乳鸽用钢钎扎若干个小洞，每个洞内插入一段冬虫夏草，再把葱结、姜片放入乳鸽腹内。

3 腹部朝上放入汤盆内，加入用精盐、味精、鸡精、胡椒粉和适量清水调好的汤汁。

4 然后用双层绵纸封口，上笼用中火蒸约2小时至软烂，取出上桌即成。

番茄翅根汤

时间 **30** 分钟 | 口味 **酸香**

原料 鸡翅根200克，西红柿3个。

调料 葱花、姜丝各少许，八角1粒，香叶1片，精盐1小匙，料酒1大匙，高汤1500克，植物油2大匙。

制作步骤 ▶ Method

1 将鸡翅根去净残毛，洗净；西红柿去蒂，洗净，用沸水烫一下，捞出去皮，切成小块。

2 锅置火上，加入植物油烧热，先下入葱花、姜丝、鸡翅、西红柿炒匀。

3 再烹入料酒，添入高汤，放入八角、香叶煮至入味，然后加入精盐调匀，即可出锅装碗。

香菇鸡脚汤

时间 40分钟　口味 鲜香

【原料】鸡爪5只, 鲜香菇200克。

【调料】葱段15克, 姜片10克, 八角1粒, 精盐1小匙, 味精、鸡精各1/2小匙, 植物油1大匙。

【制作步骤】♥Method

1 鸡爪用沸水焯透, 去除老皮, 剁去爪尖, 洗净; 香菇去蒂, 洗净, 放入沸水锅中略焯, 捞出, 切成大片。

2 锅中加入植物油烧热, 先下入鸡爪、葱段、姜片、八角炒香, 再加入清水、精盐烧沸。

3 转小火炖煮10分钟, 然后放入香菇, 转中火炖至鸡爪熟烂, 再加入味精、鸡精调味, 即可出锅装碗。

栗子煲鸡汤

时间 2小时　口味 香甜

【原料】净仔鸡1只, 栗子300克, 蜜枣15克。

【调料】精盐2小匙。

【制作步骤】♥Method

1 将蜜枣放入清水中泡软, 洗净, 沥干; 栗子去壳, 用热水浸泡透, 去除皮膜。

2 仔鸡洗净, 剁去头、爪, 斩成大块, 再放入清水锅中烧沸, 焯烫一下, 捞出冲净。

3 净锅置火上, 加入适量清水, 先下入鸡块、栗子、蜜枣, 用旺火烧沸, 撇去表面浮沫。

4 再转小火煲约2小时, 然后加入精盐调好口味, 即可出锅装碗。

桂圆山药炖大鹅

时间 2小时　口味 香浓

【原料】鹅肉750克, 山药50克, 桂圆肉5粒。

【调料】葱段15克, 姜片10克, 精盐1小匙, 味精1/2小匙, 料酒1大匙。

【制作步骤】♥Method

1 桂圆肉洗净; 山药去皮, 洗净, 切成滚刀块; 鹅肉洗净, 放入清水锅中烧沸, 焯烫一下, 捞出冲净, 切成长方块。

2 砂锅中加入适量清水, 放入鹅肉、料酒、精盐、葱段、姜片, 置旺火烧沸。

3 再转小火炖至鹅肉六分熟, 然后放入桂圆肉、山药续炖至鹅肉熟烂, 拣出葱段、姜片, 加入味精调匀, 即可出锅装碗。

蛋黄豆腐煲

时间 20分钟 **口味** 咸鲜

原料 嫩豆腐1盒，咸蛋黄60克。

调料 葱花5克，精盐、味精、胡椒粉、白糖、香油各1/3小匙，鸡精1小匙，植物油3大匙，鲜汤适量。

制作步骤 *Method*

1 咸蛋黄切成4瓣；嫩豆腐取出，切成2厘米见方的块，放入沸水锅中焯烫一下，捞出沥干。

2 锅置火上，加入鲜汤，放入豆腐块、咸蛋黄烧沸，再加入精盐、味精、白糖、鸡精、胡椒粉略煮。

3 撇去浮沫，然后转小火煮至入味，淋入香油，撒上葱花，即可出锅装碗。

干贝云丝豆腐汤

时间 20分钟 **口味** 鲜香

原料 南豆腐、咸肉、大干贝、香菜叶各适量。

调料 葱段、姜片、精盐、鸡精、料酒、水淀粉、高汤、植物油各适量。

制作步骤 *Method*

1 大干贝用温水发好，洗净，撕成丝；葱段、姜片用清水泡后取汁水。

2 咸肉切成丝；豆腐洗净，切成粗丝，放入凉水中浸泡，捞出沥水。

3 锅中加入植物油烧热，先下入干贝丝略炒，再加入高汤、料酒、精盐、鸡精、葱姜水烧沸。

4 用水淀粉勾芡，然后放入豆腐丝、咸肉丝搅匀后煮熟，出锅装碗，撒上香菜叶即可。

腐皮鸡蛋汤

时间 10分钟 **口味** 香浓

原料 鸡蛋2个，豆腐皮1张，油菜2棵。

调料 精盐1大匙，味精、酱油各2小匙，熟猪油3大匙。

制作步骤 *Method*

1 将豆腐皮泡软，洗净，沥干水分，撕成碎片；油菜择洗干净，切成细丝；鸡蛋磕入碗中，加入精盐搅拌均匀。

2 锅置火上，加入熟猪油烧热，先添入清汤烧沸，再放入豆腐皮片、油菜丝，淋入鸡蛋液推搅均匀。

3 然后加入酱油、精盐、味精调味，煮至蛋片浮起时，出锅装碗即可。

天目土鸡砂锅

时间 2.5小时 口味 香浓

原料 土鸡1只(约1300克)，天目扁尖笋、金华火腿各150克，野生菌100克。

调料 精盐1小匙，胡椒粉、味精各1/3小匙，鸡精、料酒各1/2小匙。

制作步骤 *Method*

1 将土鸡宰杀，去毛，除内脏，洗净，放入清水锅中焯烫一下，捞出沥水；野生菌去根，洗净。

2 天目扁尖笋洗净，切丝；金华火腿洗净，切块，同天目扁尖丝、野生菌一起入锅焯水，捞出。

3 砂锅置火上，放入土鸡、火腿、扁尖笋、野生菌烧沸，再加入精盐、料酒、胡椒粉、鸡精、味精，盖上盖，转小火煲2小时至熟烂即成。

蚌肉炖老鸭

时间 2小时 口味 鲜香

原料 净老鸭肉150克，河蚌肉60克。

调料 生姜2片，精盐、料酒各适量。

制作步骤 *Method*

1 将河蚌肉用清水浸泡并洗净，用刀背排剁一下，再切成小块。

2 老鸭肉洗净，剁成小块，放入清水锅中，加入料酒烧沸，焯烫去血污，捞出沥水。

3 将河蚌肉、老鸭肉、姜片放入炖盅内，再加入适量清水，盖上盅盖。

4 入锅用文火隔水炖约2小时，然后加入精盐调味，取出上桌即成。

虫草炖鹌鹑

时间 60分钟 口味 香浓

原料 净鹌鹑4只，冬虫夏草少许。

调料 葱白段、姜片各10克，精盐适量，胡椒粉少许。

制作步骤 *Method*

1 将鹌鹑洗涤整理干净；虫草用温水浸泡并洗净，沥去水分。

2 锅中加入适量清水，放入鹌鹑烧沸，焯烫一下，捞出沥水。

3 每只鹌鹑中放入少许虫草，用线绳捆紧，放入砂锅中。

4 再加入姜片、葱白段、精盐、胡椒粉和适量清水，置火上炖至鹌鹑熟烂，出锅装碗即可。

黑木耳豆腐汤

 时间 10分钟 口味 鲜香

原料 豆腐300克,水发黑木耳50克,蘑菇片20克,小菜心15棵,冬笋10片,火腿5片。

调料 精盐、味精、白糖各1小匙,胡椒粉少许,上汤1000克。

制作步骤 Method

1 将豆腐切成小块;黑木耳去蒂,洗净,撕成小朵,放入沸水锅中焯烫一下,捞出沥水。

2 锅置火上,加入清水烧沸,放入冬笋片、蘑菇片、火腿片、菜心、木耳、豆腐焯烫一下,捞入碗中。

3 净锅置火上,加入上汤、味精、精盐、胡椒粉、白糖烧沸,起锅倒入豆腐碗中即成。

白玉豆腐汤

 时间 20分钟 口味 鲜香

原料 老豆腐400克,竹荪50克,荷花菌20克。

调料 葱花少许,精盐1/2小匙,味精、胡椒粉各1/3小匙,鸡精、香油各1小匙,鲜汤100克。

制作步骤 Method

1 将老豆腐洗净,切成片,放入沸水锅中焯烫一下,捞出沥水。

2 竹荪用温水涨发,洗净,切成片;荷花菌洗净,切成小片,与竹荪一同放入沸水锅中焯烫一下,捞出沥水。

3 锅中加入鲜汤,放入竹荪、荷花菌、豆腐烧沸,撇净浮沫,再加入调料烧至入味,出锅装入汤碗中,淋入香油,撒上葱花即成。

羊杂炖豆腐皮

时间 25分钟 口味 香浓

原料 豆腐皮250克,熟羊脸、熟羊肺各100克,熟羊肚80克,熟羊心、熟羊肠各50克,香菜末少许。

调料 葱末20克,精盐、味精、鸡精各1小匙,胡椒粉1/2小匙,老汤适量。

制作步骤 Method

1 将羊脸、羊肺、羊心、羊肚、羊肠除去油脂及骨头,用清水洗净,沥去水分,均切成细丝;豆腐皮泡软,洗净,沥水,切成条。

2 锅置火上,加入老汤,放入各种羊杂、豆腐皮烧沸,炖煮约10分钟至汤汁变白。

3 再加入精盐、味精、鸡精、胡椒粉调好口味,盛入碗中,撒上葱末、香菜末即可。

番茄烩鸡腰

时间 30分钟　口味 酸香

原料 鸡腰20个，蘑菇片120克，西红柿1个，冬笋片30克。

调料 精盐、料酒各1小匙，味精、胡椒粉各少许，水淀粉2大匙，鲜鸡汤120克。

制作步骤 Method

1 西红柿去蒂、去皮，洗净，切成小块；鸡腰洗净，放入清水锅中煮透，捞出过凉，沥去水分，切成两半。

2 锅置火上，加入鲜鸡汤，放入鸡腰、冬笋、蘑菇、精盐、胡椒粉、料酒、味精烧烩入味。

3 再放入西红柿块稍煮，用水淀粉勾芡，出锅装碗即成。

牛肝菌煲鸡爪

时间 90分钟　口味 鲜香

原料 鸡爪10只，牛肝菌2朵。

调料 葱段、姜片、香葱花、精盐、味精各少许，熟猪油4小匙。

制作步骤 Method

1 鸡爪洗涤整理干净，切成大块；牛肝菌洗净，切成片，下入沸水锅中焯烫一下，捞出沥干。

2 锅中加入熟猪油烧热，先下入葱段、姜片炒香，再放入鸡爪块、牛肝菌煸炒5分钟。

3 然后添入适量清水烧沸，转小火炖煮约1.5小时至鸡爪熟嫩。

4 最后加入精盐、味精调好口味，撒上香葱花，出锅装碗即可。

淮山虫草乌鸡汤

 时间 2 小时　口味 浓香

原料 乌鸡1只，板栗50克，淮山药30克，虫草15克，山楂10克，橙皮丝少许。

调料 姜片10克，精盐2小匙。

制作步骤 ♥Method

1　将乌鸡宰杀，去毛、去内脏，洗涤整理干净，再剁去头、脚，斩成大块，然后放入清水锅中烧沸，焯去血污，捞出冲净。

2　将淮山药、山楂、虫草、板栗分别用清水洗净，沥去水分。

3　锅中加入适量清水，先下入鸡块、板栗、淮山药、虫草、山楂、橙皮丝烧沸，再转小火煲约2小时，然后加入精盐调味，装碗即可。

板栗炖仔鸡

时间 60 分钟　口味 咸鲜

原料 仔鸡1只（约1500克），板栗20个。

调料 精盐、味精、酱油、植物油各1大匙，料酒5小匙。

制作步骤 ♥Method

1　将仔鸡宰杀，去毛、除内脏，剁去头、爪，洗净，切成长方块，放入大碗中，加入酱油、料酒、精盐拌匀；板栗洗净，放入清水锅中煮熟，捞出去壳。

2　锅置火上，加入植物油烧热，放入鸡块炸至浅黄色，捞出沥油。

3　锅留底油，放入板栗、鸡块，加入酱油煸炒，再加入适量清水烧沸，转小火炖至熟烂，然后加入精盐、味精调味，出锅装碗即成。

鸡丝蜇头汤

时间 **25分钟** 口味 **酸辣**

原料 鸡胸肉150克，水发海蜇头100克，香菜段少许。

调料 葱丝、姜丝、蒜片、精盐、味精、胡椒粉、水淀粉、蛋清、白醋、香油、鸡汤、植物油各适量。

制作步骤 Method

1 水发海蜇头放入清水中浸泡以去掉咸味和泥沙，用清水洗净，切成细丝。

2 锅中加入清水烧热，放入海蜇头丝快速焯烫一下，捞出沥水。

3 鸡胸肉剔去筋膜，洗净，擦净表面水分，先片成薄片，再切成细丝，放入碗中，加入鸡蛋清、水淀粉抓拌均匀上浆。

4 锅中加油烧至四成热，放入鸡肉丝滑散、滑透，捞出沥油。

5 锅留底油烧热，爆香蒜片，烹入白醋，再加入鸡汤、鸡肉丝、海蜇丝、味精、精盐烧沸。

6 撇去浮沫，然后撒上胡椒粉、葱丝、姜丝稍煮，淋入香油，盛入碗中，撒上香菜段即可。

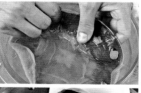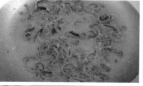
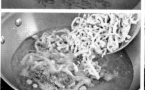

119

海带鸭舌汤

时间 60分钟	口味 咸鲜

原料 鸭舌300克，鲜海带100克。

调料 花椒、姜片、精盐、白糖、料酒、香油、植物油各少许，鸭清汤500克。

制作步骤 ✿Method

1 鲜海带放入清水中浸泡并反复洗净，捞出沥水，切成丝。

2 锅置火上，加入清水烧沸，放入海带丝焯烫片刻，捞出沥水。

3 鸭舌洗涤整理干净，放入清水中煮熟，捞出晾凉，抽去鸭舌中软骨，再用沸水焯烫一下，捞出，用冷水冲净。

4 放入碗中，加入少许烧沸的鸭清汤、精盐、白糖、料酒，上笼蒸5分钟，取出。

5 锅置火上，加入植物油烧热，下入花椒、姜片炒出香味，滗入鸭舌原汤烧沸，捞出花椒、姜片。

6 再放入海带丝烧煮入味，捞出海带丝，码放在汤碗内垫底，淋上香油，然后码放上蒸好的鸭舌。

7 锅置火上，加入鸭清汤烧沸，撇去浮沫，顺碗边倒入盛有鸭舌的汤碗中即可。

荷兰豆煮豆干

原料 豆腐干200克,荷兰豆100克,胡萝卜30克。

调料 精盐2小匙,鱼露1大匙,姜汁、米醋各1/2小匙,鸡汤适量。

制作步骤 ♥Method

1 荷兰豆择洗干净,切去两端;胡萝卜去皮,洗净,用花模刻成小片;豆腐干切成小块。

2 汤锅置火上,加入鸡汤烧沸,再放入豆腐干块、荷兰豆、胡萝卜片烧煮片刻。

3 然后加入精盐、鱼露、姜汁、米醋,转小火焖煮20分钟,出锅装碗即可。

鹌鹑煲海带

原料 鹌鹑2只,水发海带300克。

调料 葱段、姜片各10克,精盐、鸡精各1/2小匙,香油1小匙,料酒、植物油各1大匙,鸡汤1000克。

制作步骤 ♥Method

1 将海带洗净,切成细丝,再放入沸水锅中焯透,捞出沥干。

2 鹌鹑宰杀,洗涤整理干净,剁成大块,放入清水锅中烧沸,焯去血水,捞出沥干。

3 锅中加入植物油烧至六成热,先下入葱段、姜片炒香,再放入鹌鹑块、料酒炒至略干。

4 然后添入鸡汤,放入海带丝烧沸,转小火炖煮30分钟至鹌鹑熟透,加入精盐、鸡精调好口味,淋入香油,即可装碗上桌。

干香菇煲鸡

时间 3 小时　**口味** 鲜香

原料 净仔鸡1只（约1000克），干香菇10朵，干贝5个。

调料 姜2片，精盐、味精、火腿汁各1大匙，料酒2大匙，鲜奶1小匙，鸡汤适量。

制作步骤 Method

1. 净仔鸡洗净，放入清水锅中烧沸，焯烫5分钟，捞出，再用清水洗净；干香菇用清水泡透，去蒂，洗净；干贝泡透，洗净。

2. 将仔鸡腹部朝上放入汤碗中，再放上干贝、香菇，加入鸡汤、火腿汁、味精、精盐、料酒、姜片。

3. 上笼蒸约2小时，拣去姜片，然后加入鲜奶续蒸15分钟，取出上桌即成。

虫草花鹌鹑汤

时间 60 分钟　**口味** 鲜香

原料 鹌鹑2只，银杏仁30克，干虫草花20克，蜜枣15克。

调料 精盐适量。

制作步骤 Method

1. 干虫草花用清水浸泡，洗净，沥水；银杏仁洗净，沥去水分。

2. 鹌鹑宰杀，去毛、去内脏，用清水洗净，放入沸水锅中焯烫一下，捞出沥水。

3. 锅置火上，加入适量清水烧沸，放入鹌鹑、虫草花、银杏仁、蜜枣烧沸。

4. 再转小火煮约60分钟，加入精盐调味，出锅装碗即可。

圆白菜烩豆腐

原料 卤水豆腐1块,圆白菜80克,海带30克。

调料 精盐、鸡汁、酱油各少许,料酒1大匙,高汤、植物油各适量。

制作步骤 Method

1. 将豆腐洗净,切成厚片;圆白菜洗净,切成丝;海带漂洗干净,切成细丝。

2. 锅置火上,加入植物油烧至七成热,下入豆腐片炸至金黄色,捞出晾凉,切成粗丝。

3. 汤锅中加入高汤烧沸,放入海带丝略煮,再加入精盐、鸡汁、酱油、料酒煮至入味。

4. 然后放入豆腐丝、圆白菜丝烧烩5分钟至入味,出锅装碗即可。

人参枸杞煲乳鸽

原料 净乳鸽1只,猪瘦肉50克,鲜人参1根,枸杞子5粒。

调料 姜片10克,精盐2小匙,味精1小匙,胡椒粉少许,料酒1大匙。

制作步骤 Method

1. 人参刷洗干净;枸杞用清水泡软,洗净,沥干;猪肉洗净,切成块,与乳鸽分别放入清水锅中烧沸,焯去血水,捞出冲净。

2. 砂锅中加入清水,先下入乳鸽、猪肉、人参、枸杞、姜片、料酒烧沸。

3. 再转小火煲约2小时,然后加入精盐、味精、胡椒粉煮至入味,离火上桌即可。

四珍煲老鸭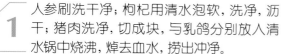

原料 净鸭1/2只(约1000克),干莲子、大枣各30克,白果10克,鲜人参1根。

调料 葱段、姜片各20克,精盐2小匙,味精、料酒各1大匙。

制作步骤 Method

1. 鸭子洗净,剁成大块,放入清水锅中煮约10分钟;莲子、大枣、白果用水泡透;人参切片。

2. 砂锅上火,加入适量清水,先下入鸭块、葱段、姜片、料酒,用旺火烧沸,撇去浮沫。

3. 再转小火炖至八分熟,然后放入莲子、大枣、白果、人参片,加入精盐续炖至熟烂,加入味精调味,出锅装碗即可。

山药豆腐汤

时间 25分钟 口味 鲜香

原料 豆腐400克，山药200克。

调料 葱花10克，蒜蓉5克，精盐、味精、香油各1/2小匙，酱油4小匙，植物油5小匙。

制作步骤 Method

1. 将山药去皮，洗净，切成小片；豆腐洗净，切成片，放入沸水锅中焯烫一下，捞出沥水。

2. 锅置火上，加入植物油烧至五成热，先下入蒜蓉爆香，再放入山药片翻炒均匀。

3. 然后加入适量清水烧沸，放入豆腐片，加入精盐、酱油、味精煮至入味，撒入葱花，淋上香油，出锅装碗即成。

大鹅烩时蔬

时间 60分钟 口味 香浓

原料 大鹅肉500克，山药块150克，荷兰豆、胡萝卜块各50克，银杏30克，香菇柄少许。

调料 葱花、姜片各5克，月桂叶2片，精盐、鸡精各少许，料酒1大匙，植物油2大匙。

制作步骤 Method

1. 大鹅肉洗净，剁成大块，放入清水锅中烧沸，焯烫一下，捞出沥水；香菇柄洗净，切成斜刀片。

2. 锅中加油烧热，先下入葱花、姜片、大鹅肉翻炒，再烹入料酒，倒入适量清水烧沸。

3. 然后放入其他原料、调料烧烩40分钟，出锅装碗即可。

苋菜豆腐煲

时间 20分钟 口味 麻香

原料 豆腐1盒，苋菜300克。

调料 花椒10粒，精盐4小匙，味精1大匙，料酒、植物油各2大匙，高汤适量。

制作步骤 Method

1. 将苋菜择取嫩茎、嫩叶，用清水洗净，沥去水分；豆腐取出，切成小方块。

2. 锅置火上，加入适量清水烧沸，分别放入豆腐块和苋菜焯烫一下，捞出沥水。

3. 锅置火上，加入高汤、料酒，放入豆腐块和苋菜烧沸，再加入精盐、味精调味，盛入碗中。

4. 净锅置火上，加入植物油烧至八成热，下入花椒粒炸成花椒油，浇淋在豆腐上即成。

黄豆芽豆腐汤 时间 25分钟 口味 咸鲜

原料 豆腐2块, 黄豆芽250克, 雪里蕻100克。

调料 葱花10克, 精盐、味精各1/2小匙, 植物油1大匙。

制作步骤 Method

1 黄豆芽去根, 用清水洗净, 沥去水分; 豆腐洗净, 切成1厘米见方的丁; 雪里蕻洗净, 切成小粒。

2 锅置火上, 加入植物油烧热, 先下入葱花炒香, 再放入黄豆芽煸炒, 加入适量清水烧沸。

3 煮至黄豆芽酥烂时, 放入雪里蕻、豆腐丁, 转小火炖约10分钟, 然后加入精盐、味精调味, 出锅装碗即可。

发菜豆腐汤 时间 15分钟 口味 酸香

原料 豆腐400克, 水发发菜100克, 西红柿50克, 笋片、鲜蘑菇片各25克。

调料 精盐、料酒各1/2小匙, 味精少许, 水淀粉2小匙, 植物油2大匙。

制作步骤 Method

1 豆腐洗净, 切成三角片, 放入沸水锅中焯烫一下, 捞出; 西红柿去蒂, 洗净, 切成小片。

2 锅置火上, 加入植物油烧至八成热, 先下入笋片、蘑菇片炒熟, 再放入发菜, 烹入料酒。

3 然后加入适量清水, 放入豆腐片、西红柿片煮5分钟, 加入精盐、味精调味, 用水淀粉勾薄芡, 出锅装碗即成。

清汤竹荪炖鸽蛋 时间 50分钟 口味 清香

原料 鸽蛋6个, 竹荪4条, 菜胆6棵。

调料 精盐、味精、鸡精、胡椒粉、醋精各1小匙, 清汤适量。

制作步骤 Method

1 将竹荪放入清水中, 加入醋精浸泡15分钟, 捞出冲净, 切成4厘米长段; 菜胆择洗干净, 切成段。

2 将鸽蛋洗净, 放入清水锅中烧沸, 煮5分钟至熟, 捞出冲凉, 剥去外壳。

3 取6个炖盅, 分别放入鸽蛋、菜胆和竹荪, 添入清汤, 上锅蒸炖约30分钟, 再加入精盐、味精、鸡精、胡椒粉调味, 取出上桌即可。

豆腐松茸汤

时间 10分钟　**口味** 鲜香

原料　豆腐1块，鲜松茸3朵。

调料　精盐1大匙，味精、酱油各2小匙，鸡精1小匙，清汤适量。

制作步骤 *Method*

1　鲜松茸用刀削去根部，放入淡盐水中轻轻洗净，再放入沸水锅中煮约30秒钟，捞出过凉，沥去水分。

2　豆腐洗净，切成小方丁，再放入沸水锅中煮约1分钟，捞出晾凉。

3　砂锅置火上，加入清汤、精盐、酱油、鸡精和味精煮沸，再放入煮好的松茸和豆腐块稍煮，离火上桌即成。

豆芽海带豆腐汤

时间 15分钟　**口味** 咸鲜

原料　豆腐2块，海带120克，绿豆芽100克，小鱼干60克。

调料　精盐1小匙，胡椒粉2小匙，香油少许。

制作步骤 *Method*

1　豆腐洗净，切成小块；干海带用清水泡软，洗去杂质，捞出沥水，切成小段；绿豆芽掐去头尾，洗净，沥水。

2　锅置火上，加入适量清水烧沸，先放入小鱼干、豆腐块、海带段煮熟。

3　再放入绿豆芽稍煮，然后加入精盐、胡椒粉调味，淋入香油，出锅装碗即可。

泰山豆腐花

时间 15分钟　**口味** 香辣

原料　豆腐500克，松花蛋2个，海米、熟芝麻各10克，熟花生仁、香菜各5克。

调料　葱末、姜末各5克，精盐1/2小匙，鸡精、香油各少许，辣椒油1小匙，高汤500克。

制作步骤 *Method*

1　豆腐洗净，切成小块，放入沸水锅中焯烫一下，捞出沥水；香菜、海米分别洗净，均匀成末；松花蛋去皮，洗净，切成小粒。

2　坐锅点火，加入高汤、精盐、鸡精烧沸，淋入香油、辣椒油，再放入豆腐块炖至入味。

3　然后撒上香菜末、花生仁、熟芝麻、海米、松花蛋粒，出锅装碗即可。

酸辣豆皮汤

时间 **10**分钟　口味 **酸辣**

原料 豆腐皮4张，菠菜段、水发木耳各50克。

调料 葱段、姜片、酱油、白醋、胡椒粉、水淀粉、香油、清汤、植物油各适量。

制作步骤 *Method*

1 将豆腐皮泡软，洗净，放入沸水锅中焯烫一下，捞出沥干，切成细丝；水发木耳择洗干净，切成细丝。

2 锅中加入植物油烧热，下入葱段、姜片炒香，再烹入白醋，添入清汤。

3 然后放入豆腐皮丝、木耳丝、菠菜段，加入酱油烧沸，撇去浮沫，用水淀粉勾薄芡，撒上胡椒粉，淋入香油，即可出锅装碗。

香菇鹌鹑煲

时间 **75**分钟　口味 **鲜香**

原料 鹌鹑1只，西蓝花100克，香菇1朵。

调料 精盐1小匙，味精1/2小匙，面粉、料酒各2小匙，香油少许，植物油75克，清汤200克。

制作步骤 *Method*

1 鹌鹑洗涤整理干净，放入清水锅中烧沸，焯去血沫，捞出沥水；西蓝花掰成小朵，洗净。

2 将鹌鹑放入大碗中，加入清汤、葱段、姜片、料酒、精盐、味精，入锅蒸约1小时，取出。

3 锅置火上，加入植物油烧热，放入面粉炒出香味，再倒入蒸鹌鹑的原汤熬至白浓。

4 然后加入精盐、味精调好口味，起锅倒入装有鹌鹑的碗中即可。

干贝豆腐汤

时间 30分钟　**口味** 鲜香

原料 水豆腐1块，水发干贝100克，蛋清6个，水发香菇片、青豆、熟火腿片各15克。

调料 精盐、味精各1大匙，水淀粉3大匙，料酒、熟猪油各5小匙，牛奶150克，肉汤240克。

制作步骤 *Method*

1 蛋清放入大碗中，加入水豆腐、牛奶、精盐、味精搅拌均匀，倒入汤盆中，上笼用文火蒸约20分钟，取出，用小刀划成菱形方块。

2 干贝用温水洗净，放入碗中，加入肉汤、料酒，上笼蒸软，取出。

3 锅中倒入干贝，加入精盐、味精、火腿片、香菇片、青豆烧沸，勾芡，浇在豆腐上即成。

双冬豆皮汤

时间 15分钟　**口味** 咸鲜

原料 豆腐皮3张，冬菇2朵，冬笋50克。

调料 葱花、姜末各10克，精盐、味精、香油各1/2小匙，酱油2小匙，植物油2大匙，鲜汤500克。

制作步骤 *Method*

1 将豆腐皮上笼蒸软，取出，切成菱形片；冬菇用温水泡发，除去杂质，洗净，切成丝；冬笋去皮，洗净，切成小片。

2 锅中加入植物油烧热，爆香葱花、姜末，添入鲜汤，再放入冬菇丝、冬笋片、豆腐皮烧沸。

3 撇去浮沫，然后加入味精、精盐、酱油调好口味，淋入香油，出锅装碗即成。

Part 4
鲜香水产

《滋养汤煲王》

龙井捶虾汤

时间 15分钟　**口味** 茶香

原料 青虾500克，龙井茶叶15克，鸡蛋清1个，香菜叶少许。

调料 葱段、姜片、精盐、味精、料酒、淀粉各适量，清汤1500克。

制作步骤 ♥ *Method*

1 将龙井茶叶放入茶杯内，用温水泡一下，随即滗掉温水，再倒入沸水泡出香味。

2 青虾去虾头，剥去外壳留尾壳，洗净，沥干，放在大碗里。

3 加入葱段、姜片、料酒、精盐、味精、鸡蛋清拌匀，取出青虾，粘匀淀粉，放在案板上，用擀面棍捶扁敲成薄片。

4 锅置火上，加入清水烧沸，放入青虾片焯透，捞出过凉，使虾尾呈现桃红色。

5 净锅置火上，加入清汤、精盐、料酒、味精烧沸，放入加工好的青虾焯烫一下，捞出青虾，装入汤碗内，倒入龙井茶水。

6 锅内原汤烧沸，倒入盛有青虾的汤碗内，撒上香菜叶即可。

海参汤

时间 20分钟　口味 鲜香

原料 水发海参300克，西蓝花50克，白萝卜泥20克，虾籽10克。

调料 姜片5克，精盐1小匙，鸡精1/3小匙，鲍鱼汁1/2小匙，料酒1大匙，高汤1500克。

制作步骤 Method

1　海参洗净，片成大片，放入沸水锅中焯透，捞出沥干；西蓝花洗净，用淡盐水浸泡，捞出沥水，掰成小朵。

2　锅中加入高汤烧沸，先下入海参、姜片、精盐、鸡精、鲍鱼汁、料酒煮开，转小火煲至入味。

3　再放入西蓝花续煮3分钟，拣出姜片，出锅装碗，撒上萝卜泥、虾籽即可。

蛤蜊瘦肉海带汤

时间 25分钟　口味 鲜香

原料 活蛤蜊250克，猪瘦肉150克，干海带50克。

调料 姜片5克，精盐1/2小匙，鸡精1小匙，胡椒粉1/3小匙，植物油1大匙，猪骨汤700克。

制作步骤 Method

1　将海带放入清水中泡发，洗净，沥干，切成细丝，放入沸水锅中焯烫一下，捞出沥干。

2　猪瘦肉洗净，切成薄片，放入沸水中焯透，捞出；蛤蜊放入淡盐水中浸泡，刷洗干净。

3　锅中加入植物油烧至四成热，先下入姜片炒香，添入猪骨汤烧沸，再下入海带、猪肉煮约15分钟。

4　然后放入蛤蜊，转小火煮约5分钟，加入精盐、鸡精、胡椒粉调味，即可出锅装碗。

莴笋海鲜汤

时间 20分钟 **口味** 鲜香

原料 大虾6只，莴笋200克，水发鱿鱼100克，蚬子80克。

调料 葱末、姜末各少许，精盐1小匙，鸡精1/2小匙，料酒、植物油各1大匙，高汤1500克。

制作步骤 *Method*

1 莴笋去皮，洗净，切成菱形块；鱿鱼洗净，剞上花刀，再切成小块；大虾、蚬子分别洗净。

2 锅中加入适量清水烧沸，放入鱿鱼块、蚬子焯烫一下，捞出冲净。

3 锅置火上，加入植物油烧热，先下入葱末、姜末炒香，再添入高汤煮沸。

4 然后放入鱿鱼、蚬子、大虾、笋块，加入精盐、鸡精、料酒煮约10分钟，出锅装碗即可。

翅汤银鳕鱼

时间 90分钟 **口味** 鲜香

原料 银鳕鱼、丝瓜、胡萝卜、魔芋丝、净鸡、猪棒骨、火腿各适量。

调料 精盐、味精、鸡精、料酒、植物油各适量。

制作步骤 *Method*

1 银鳕鱼洗净；净鸡、猪棒骨洗净，与火腿分别入锅焯水，捞出，放入清水锅中，加入精盐、味精、鸡精、料酒煲成翅汤，过滤取汤。

2 丝瓜、胡萝卜分别去皮，洗净，均切成菱形片，与魔芋丝分别入锅焯水，捞出沥干。

3 坐锅点火，加入植物油烧热，下入银鳕鱼煎熟，取出，切成片，放入碗中，再放入丝瓜片、胡萝卜片、魔芋丝，倒入翅汤即可。

银鳕鱼木瓜汤

（原料）银鳕鱼肉300克，木瓜200克，西蓝花50克，鲜香菇2朵，洋葱末少许。

（调料）姜末5克，精盐1小匙，鸡精1/2小匙，料酒1大匙，高汤1500克，黄油2大匙。

（制作步骤）*Method*

1 将银雪鱼肉洗净，撕去鱼皮，切成大块；木瓜洗净，去皮及瓤，切成大块；西蓝花洗净，掰成小朵；香菇去蒂，洗净，切成小丁。

2 锅中加入黄油烧热，先下入洋葱、姜末、香菇、木瓜略炒，再添入高汤烧沸。

3 然后加入银雪鱼肉、西蓝花、精盐、鸡精、料酒煮至入味，即可出锅装碗。

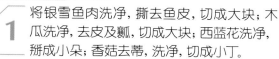

田螺汤 时间15分钟 口味 清香

（原料）田螺300克，甜橙1个，枸杞子10克。

（调料）葱花、姜丝、八角各少许，精盐1小匙，酱油2大匙，胡椒粉1/2大匙，料酒1大匙。

（制作步骤）*Method*

1 将田螺放入清水中浸泡，使其吐尽腹中泥沙，捞出冲净；甜橙洗净，剥去外皮，将橙皮切成细丝，橙肉切成小片。

2 锅置火上，加入适量清水烧沸，放入田螺、香橙、橙皮、枸杞、葱花、姜丝。

3 再加入精盐、胡椒粉、料酒、酱油煮约5分钟，然后放入八角略煮，即可出锅装碗。

鲢鱼丝瓜汤 时间40分钟 口味 咸鲜

（原料）白鲢鱼1条(约1000克)，丝瓜300克。

（调料）葱段、姜片各5克，精盐、胡椒粉各1大匙，白糖1小匙，料酒2大匙，植物油3大匙。

（制作步骤）*Method*

1 将丝瓜洗净，去皮及瓤，切成小条；鲢鱼去鳞、去鳃，除去内脏，洗涤整理干净，切成大段，再剞上棋盘花刀。

2 坐锅点火，加入植物油烧热，先下入葱段、姜片炒香，再放入鲢鱼煎至上色，烹入料酒。

3 然后加入精盐、白糖，添入适量清水煮至鱼肉熟嫩，再放入丝瓜条煮熟，拣去葱、姜，用胡椒粉调味，即可出锅装碗。

蚝汁滚鱼汤

时间 45分钟　口味 鲜香

原料 净鱼肉200克，鲜蘑菇50克，嫩蕨菜、油菜心各30克，胡萝卜20克。

调料 精盐、淀粉、蚝汁、高汤各适量。

制作步骤 Method

1 将鱼肉洗净，拍上淀粉，下入热油锅中炸至金黄色，捞出沥油。

2 蘑菇、蕨菜、油菜分别择洗干净；胡萝卜去皮，洗净，切成花刀片。

3 锅中加入适量高汤，先放入精盐、蚝汁用旺火煮沸，再下入鱼肉，用中火煮约30分钟。

4 然后加入蘑菇、蕨菜、油菜、胡萝卜，转小火续煮5分钟，即可出锅装碗。

双宝海参汤

时间 40分钟　口味 鲜香

原料 水发海参、猪肉各200克，干木耳、干银耳、甜豆各50克，红枣、杏仁各15克。

调料 葱段、姜片、精盐、鸡精、香油各少许。

制作步骤 Method

1 海参洗净，切成大块；银耳、木耳用清水泡发，洗净，撕成小朵；猪肉洗净，切成片，放入沸水锅中焯烫一下，捞出冲净。

2 锅中加入适量清水，先下入杏仁、红枣烧沸，再放入猪肉、黑木耳、银耳煮20分钟。

3 然后加入海参块、葱段、姜片续煮15分钟，最后放入甜豆煮开，加入精盐、鸡精、香油调味，即可出锅装碗。

鱼肉羹

时间 35分钟　口味 鲜香

原料 鳕鱼肉200克，水发海参1条，鸡蛋清3个，干贝3粒。

调料 葱末、姜末、精盐、胡椒粉、料酒、香油各适量，水淀粉1大匙。

制作步骤 Method

1 海参洗净，放入沸水锅中焯烫一下，捞出沥干，切成小块；鳕鱼肉去骨，洗净，切成丁。

2 干贝泡软，放入碗中，加入少许葱末、姜末、料酒，入锅蒸熟，撕成细丝；鸡蛋清打匀。

3 锅中加入清水烧沸，放入海参块、鳕鱼丁、干贝丝、葱末、姜末煮20分钟，勾芡，淋入蛋清，加入葱末、胡椒粉、精盐、香油调匀即可。

香辣鱿鱼汤

时间 20分钟 | 口味 香辣

原料 鲜鱿鱼300克，西蓝花100克，洋葱50克，鲜百合30克。

调料 白糖1小匙，鸡精1/2小匙，料酒1大匙，高汤1500克，香辣酱、植物油各2大匙。

制作步骤 Method

1 鱿鱼去头、去内脏及黑膜，洗涤整理干净，切成小圈，再用沸水焯烫一下，捞出过凉。

2 西蓝花洗净，掰成小朵；百合、洋葱分别去皮，洗净，均切成小块。

3 锅中加油烧热，下入香辣酱、洋葱炒香，再烹入料酒，添入高汤煮沸，放入鱿鱼、西蓝花、百合、白糖、鸡精煮至入味，装碗即可。

翡翠鱼圆汤

时间 20分钟 | 口味 鲜嫩

原料 鳗鱼750克，鸡蛋清2个，香菜段少许。

调料 精盐、味精、胡椒粉、姜汁、料酒、水淀粉各适量。

制作步骤 Method

1 将鳗鱼洗涤整理干净，去皮及骨，鱼肉用刀背捶松，再斩成鱼蓉。

2 将鱼蓉放入盆中，加入适量清水，顺一个方向搅约10分钟，再加入少许精盐、味精、料酒、姜汁、鸡蛋清、水淀粉搅匀。

3 锅中加入适量清水烧至微开，将鱼蓉挤成丸子，下入锅中烧开，再加入精盐、味精、胡椒粉、料酒调味，撒入香菜段，即可出锅装碗。

螃蟹瘦肉冬瓜汤

时间 25分钟 | 口味 鲜香

原料 海蟹2只(约400克)，冬瓜300克，猪瘦肉200克，西蓝花、鲜贝肉各50克。

调料 精盐、鸡精各1/2小匙，高汤1500克。

制作步骤 Method

1 海蟹开壳，洗净，对半切开，斩断蟹脚；猪肉洗净，切成块，用沸水焯烫一下，捞出沥干。

2 西蓝花洗净，掰成小朵；鲜贝肉择洗干净；冬瓜去皮，洗净，切成大块。

3 锅中加入高汤，先下入海蟹、冬瓜、猪肉、西蓝花、贝肉，用旺火烧沸，撇去浮沫。

4 再加入精盐、鸡精炖至冬瓜熟烂，即可出锅装碗。

鲤鱼苦瓜汤

原料 净鲤鱼1条(约750克),苦瓜200克,柠檬1个。

调料 精盐1小匙,味精1/2小匙,白糖少许,姜汁、料酒各1大匙,高汤1500克。

制作步骤 Method

1 将鲤鱼洗净,剁去头、尾,剔除鱼骨,切成大片;苦瓜洗净,顺长切成两半,去瓤及籽,切成小块;柠檬洗净,切成小片。

2 锅置火上,加人高汤,先下人鱼片、苦瓜块、柠檬用旺火烧沸,撇去浮沫。

3 再加入精盐、味精、料酒、白糖、姜汁,转小火续煮10分钟,即可出锅装碗。

鳕鱼薯块洋葱汤

原料 净鳕鱼肉、地瓜(番薯)各200克,洋葱100克。

调料 精盐1小匙,味精1/2小匙,胡椒粉少许,猪骨高汤1500克,黄油2大匙。

制作步骤 Method

1 鳕鱼肉洗净,切成块;洋葱去皮,洗净,切成小块;地瓜去皮,洗净,切成滚刀块。

2 锅置火上,加入黄油烧热,先下人洋葱块炒软,添人高汤烧沸。

3 再放入鱼肉块、地瓜块,然后加人精盐、味精、胡椒粉,转小火煮至熟烂,装碗即可。

百合扇贝蘑菇汤

原料 扇贝肉300克,猪瘦肉200克,蕨菜150克,蟹味菇100克,鲜百合50克。

调料 姜丝10克,精盐1小匙。

制作步骤 Method

1 扇贝肉择洗干净;蟹味菇去蒂,洗净;蕨菜去根,洗净,切成小段。

2 百合去根,洗净,掰成小片;猪肉洗净,切成块,放人沸水锅中略焯,捞出沥干。

3 锅中加水烧沸,先下人猪肉煮约20分钟,再放人扇贝肉、蕨菜、蟹味菇、百合煮10分钟。

4 然后加人姜丝、精盐煮至人味,出锅装碗,即可上桌食用。

家常带鱼煲

时间 40分钟　口味 香浓

原料 带鱼1条, 白菜叶、水发粉丝各75克。

调料 葱花、姜末、蒜末各少许, 精盐、鸡精各1大匙, 白糖、酱油、香醋、香油各2小匙, 豆瓣酱、料酒各1小匙, 鲜汤、植物油各适量。

制作步骤 Method

1 带鱼去内脏, 洗净, 切成小段, 再用精盐、料酒、酱油略腌, 下入热油中炸透, 捞出沥油; 白菜叶洗净, 焯水, 同粉丝一起放入砂锅中。

2 锅中加入植物油烧热, 下入葱花、姜末、蒜末、豆瓣酱炒香, 烹入料酒, 添入鲜汤。

3 再加入带鱼、精盐、鸡精、白糖、酱油、香醋炖至入味, 倒入砂锅中, 淋上香油即可。

浓汤裙菜煮鲈鱼

时间 20分钟　口味 香浓

原料 净鲈鱼1条, 山药、裙带菜、枸杞子各少许。

调料 葱段、姜片各10克, 精盐、鸡精、胡椒粉、白糖、植物油各适量。

制作步骤 Method

1 山药去皮, 洗净, 切成滚刀块; 裙带菜洗净; 鲈鱼洗净, 去头、去骨, 取净肉, 切成片。

2 锅中加入植物油烧热, 先下入葱段、姜片、鱼头、鱼骨略炒一下, 加入清水。

3 再放入山药煮至奶白色, 然后放入裙带菜, 加入调料炖3分钟, 将鱼头、鱼骨、山药、裙带菜捞出, 放入大碗中。

4 锅中放入枸杞、鱼肉片烫熟, 连汤一起倒入鱼头碗中即成。

黄豆芽沙丁鱼

时间 **20分钟** 口味 **咸香**

原料 沙丁鱼罐头500克,黄豆芽50克。

调料 姜丝10克,精盐1小匙,鸡精1/2小匙,料酒2大匙,酱油、高汤各适量。

制作步骤 ❤Method

1 沙丁鱼罐头开盖,连汤倒入碗中;黄豆芽漂洗干净,放入沸水锅中焯烫一下,捞出沥水。

2 锅置火上,加入适量高汤、料酒、鸡精、酱油、精盐烧沸。

3 将沙丁鱼连汤一起倒入锅中,再放入黄豆芽、姜丝焖煮15分钟,出锅装碗即可。

冬菜煲银鳕鱼

时间 **15分钟** 口味 **香浓**

原料 银鳕鱼肉300克,净冬菜、水发粉丝各100克,熟火腿片25克。

调料 葱段、姜片各5克,精盐、味精、鸡精、白胡椒粉、料酒各2小匙,熟猪油3大匙。

制作步骤 ❤Method

1 银鳕鱼肉洗净,切成厚片,放入沸水锅中略焯,捞出沥水。

2 锅中加入熟猪油烧热,爆香葱段、姜片,烹入料酒,添入清水烧沸,再放入冬菜、鱼肉。

3 然后加入精盐、味精、鸡精、胡椒粉,转中火炖至鱼肉熟嫩。

4 最后放入粉丝略煮,倒入砂锅中,淋入香油,撒上火腿片,即可上桌食用。

西施玩月

时间	口味
25分钟	咸鲜

原料 净太湖白鱼肉150克,鸡胸肉75克,猪肥膘肉、豌豆苗各25克,净冬笋15克,熟火腿10克,鸡蛋清1个。

调料 葱末、精盐、姜汁、味精、香油各少许,料酒、牛奶各5小匙,鸡清汤1000克。

制作步骤 Method

1 冬笋切去根,切成菱形片;熟火腿切片,与冬笋片一起放入沸水锅中焯烫一下,捞出沥水。

2 将白鱼肉、猪肥膘肉和鸡胸肉分别剁成细蓉,一起放入碗内。

3 加入蛋清、料酒5克、精盐少许、牛奶、葱末、姜汁和少许鸡清汤搅匀,制成鱼肉蓉。

4 锅置火上,加入鸡清汤烧热,将鱼肉蓉挤成鱼圆,放入清汤内,加入精盐、料酒煮开,再转小火煮至玉白色,捞入汤碗内。

5 锅中放入熟火腿片、冬笋片和豌豆苗烧沸,捞出火腿片、冬笋片和豌豆苗,间隔地摆放在鱼圆上。

6 锅内原汤烧沸,加入味精、香油调味,沿碗边倒入鱼圆汤碗里即成。

莼菜汆鱼片

时间	口味
25分钟	鲜滑

原料 净黑鱼肉150克，莼菜100克，熟火腿10克。

调料 葱末5克，精盐、香油各1小匙，料酒2大匙，熟鸡油2小匙，鸡清汤500克。

制作步骤 ♥Method

1 净黑鱼肉片成薄片，用淡盐水洗净，沥水，放入碗中，加入葱末、料酒15克、少许精盐和香油调拌均匀。

2 熟火腿先片成大薄片，再切成5厘米长的细丝；莼菜洗净，加入适量精盐搅拌均匀。

3 锅置火上，加入清水烧沸，放入莼菜焯烫一下，捞出沥干。

4 锅置旺火上，加入鸡清汤和清水250克烧沸，用筷子轻轻拨入黑鱼片，转小火烧至微沸。

5 再加入精盐、料酒搅匀，撇去表面浮沫，放入莼菜、火腿丝推匀，出锅倒入大汤碗内，淋入熟鸡油即成。

鲜贝丸子汤

时间 20分钟 | 口味 鲜香

原料 鲜贝蓉200克，小白菜150克，鸡肉蓉100克，鸡蛋清2个。

调料 精盐1小匙，味精、胡椒粉、葱姜汁各1/2小匙，水淀粉2小匙，鲜汤3大匙，特制清汤750克，熟猪油1大匙。

制作步骤 Method

1 鸡蓉、贝蓉、鲜汤、蛋清、熟猪油、精盐、葱姜汁、味精、胡椒粉、水淀粉搅匀成馅料。

2 小白菜择洗干净，放入沸水锅中煮至断生，捞出沥干。

3 锅中加入清汤烧至微沸，将馅料挤成丸子煮熟，出锅装碗，放上小白菜，浇入热汤即可。

酸菜炖梅鱼

时间 20分钟 | 口味 酸香

原料 梅鱼1条（约750克），酸菜丝50克，水发香菇1个。

调料 葱白段5克，大蒜4瓣，姜1片，味精1小匙，料酒3大匙，白酱油4小匙，鲜汤500克。

制作步骤 Method

1 将梅鱼鳃边和背上的骨翅剁掉，剖腹去内脏，洗净，切成块，放入沸水锅中烫一下，捞出，再放入清水中洗净。

2 锅置火上，加入鲜汤、白酱油、味精，放入梅鱼、酸菜丝、蒜瓣、姜片炖至熟烂，拣去姜片。

3 再加入料酒调匀，捞出酸菜丝、梅鱼块，放入大碗中，锅中汤汁放入香菇、葱段稍煮，倒入梅鱼碗中即成。

飞蟹粉丝煲
时间 25分钟 **口味** 咸鲜

原料 活飞蟹1只(约200克)，水发粉丝100克，洋葱丝、红椒丝各20克。

调料 姜丝、黑胡椒汁、蚝油、鲜露、浓缩鸡汁、料酒、淀粉各少许，清汤、植物油各适量。

制作步骤 Method

1. 将飞蟹开壳，去内脏，洗净，沥干水分，剁成大块，再拍匀淀粉。

2. 锅置火上，加入植物油烧热，下入拍匀淀粉的飞蟹块炸透，捞出沥油。

3. 砂锅置火上，加入底油烧热，先下入洋葱丝、姜丝、红椒丝爆香。

4. 再放入粉丝、飞蟹略炒，然后加入清汤、黑胡椒汁、蚝油、鲜露、鸡汁、料酒炖至入味，装碗上桌即可。

雪菜黄豆炖鲈鱼
时间 45分钟 **口味** 咸鲜

原料 净鲈鱼1条(约750克)，猪肉末30克，咸雪菜、黄豆各15克，青椒粒、红椒粒各少许。

调料 姜末5克，精盐、白糖、胡椒粉各1/2小匙，植物油适量。

制作步骤 Method

1. 雪菜用清水浸泡，洗净，切成碎末；鲈鱼洗净，剞上斜十字花刀，加入少许精盐略腌，再放入热油锅中煎至金黄色，捞出沥油。

2. 锅留底油烧热，先下入肉末、姜末、青椒、红椒炒香，添入清水烧沸。

3. 然后放入鲈鱼、黄豆炖至汤色乳白，再加入精盐、白糖、胡椒粉调味，出锅装碗即可。

番茄柠檬炖鲫鱼

时间 30分钟 | 口味 鲜酸

原料 活鲫鱼1条(约350克),西红柿、柠檬片各100克。

调料 精盐、胡椒粉各1/2小匙,料酒2小匙,植物油2大匙。

制作步骤 Method

1 将鲫鱼宰杀、去鳞、去鳃,除去内脏,洗净,沥干,加入精盐、柠檬汁略腌;西红柿去蒂,洗净,切成小块。

2 锅中加油烧热,先下入鲫鱼煎至两面金黄色,再添入适量清水烧沸,撇去浮沫。

3 然后放入西红柿、柠檬片煮约8分钟,再加入精盐、料酒、胡椒粉煮匀,即可出锅装碗。

带鱼煮南瓜

时间 30分钟 | 口味 鲜辣

原料 带鱼200克,南瓜150克,红椒圈少许。

调料 葱花5克,精盐1小匙,味精1/2小匙,白酱油75克,料酒、植物油各1大匙,高汤适量。

制作步骤 Method

1 带鱼去内脏,剁掉头、尾,洗净,斜剞上一字花刀,再斩成块;南瓜去皮、去瓤,洗净,切成大块。

2 煎锅置火上,加入植物油烧热,下入带鱼段煎至金黄色,取出沥油。

3 锅置火上,加入高汤烧沸,放入带鱼段、南瓜块,加入调料煮25分钟至入味,撒入红椒圈,出锅装碗即可。

豆角香芋煮海兔

时间 30分钟 | 口味 鲜香

原料 海兔200克,芋头、豆角各150克。

调料 葱丝、姜丝各5克,精盐1小匙,鸡精1/2小匙,酱油、料酒各1大匙,牛骨高汤1500克,香油少许,植物油2大匙。

制作步骤 Method

1 豆角择洗干净,切成斜段;芋头去皮,洗净,切成滚刀块;海兔去内脏,洗净,入锅焯水。

2 锅中加入植物油烧热,先下入葱丝、姜丝炒香,再放入芋头、豆角、料酒、酱油炒匀。

3 然后加入牛骨高汤、精盐、鸡精煮至熟嫩,再放入海兔,转小火续煮10分钟,淋入香油,出锅装碗即可。

墨鱼烩肉丸

时间 20分钟 　口味 鲜香

原料 墨鱼200克，猪肉馅、香菇块、木耳各50克，玉兰片30克，腐竹段25克，鸡蛋1个。

调料 葱花、姜末各15克，精盐、鸡精、香油各1/2小匙，料酒1大匙，鸡汤适量。

制作步骤 Method

1. 猪肉馅中加入葱末、姜末、香油、精盐、料酒搅匀，挤成小丸子。

2. 墨鱼洗净，切成小块，入锅焯烫，捞出沥水；蛋液加入清水搅匀，入锅蒸熟，取出，切成块。

3. 锅中加入鸡汤烧沸，放入墨鱼、玉兰片、木耳稍煮，再放入腐竹、丸子、蛋羹块，加入精盐、鸡精、料酒烩至入味，出锅装碗即可。

三鲜烩海参

时间 20分钟 　口味 咸鲜

原料 水发海参2个，虾仁250克，甜蜜豆100克，熟火腿丁15克。

调料 姜2片，蚝油1大匙，料酒2小匙，水淀粉、酱油各1小匙，鸡清汤240克，植物油2大匙。

制作步骤 Method

1. 海参洗净，入锅焯烫，捞出，切小块；虾仁去虾线，洗净，焯烫一下；甜蜜豆洗净，切小段。

2. 锅中加入植物油烧热，下入姜片炒香，放入海参，烹入料酒，加入鸡清汤烧沸，烩10分钟。

3. 再放入虾仁、甜蜜豆、火腿丁烧烩3分钟，然后加入蚝油、酱油，用水淀粉勾芡，出锅装碗即可。

鲫鱼氽豆腐

时间 20分钟 　口味 香嫩

原料 活鲫鱼1尾(约350克)，内酯豆腐1盒。

调料 姜片、蒜末各5克，精盐、料酒各1小匙，味精、胡椒粉各1/2小匙，熟猪油4小匙。

制作步骤 Method

1. 鲫鱼宰杀，洗涤整理干净；内酯豆腐取出，切成小方块，放入沸水锅中焯烫一下，捞入凉水中浸泡。

2. 锅中加入熟猪油烧热，下入鲫鱼略煎，烹入料酒，放入姜片、沸水烧煮5分钟，再放入豆腐块、精盐、味精烧至豆腐块浮上汤面。

3. 将鲫鱼捞出，放入加有胡椒粉的大碗中，锅中撒入蒜末推匀，倒入鲫鱼碗中即可。

小龙虾带子汤

时间 20分钟 口味 香浓

原料 小龙虾400克，带子50克，洋葱粒、玉米粒、香菜末各少许，面粉适量。

调料 精盐、鸡精、雪利酒、黄油各适量。

制作步骤 Method

1 小龙虾剪去虾须，洗净，入锅蒸至八分熟，取出晾凉，剥出虾肉；带子洗净，切成厚片。

2 锅中加入适量清水，放入小龙虾的壳、头、洋葱粒煮沸，滤出杂质留鲜汤。

3 锅置火上，加入黄油烧化，放入面粉、玉米粒炒匀，倒入鲜汤烧沸。

4 再加入龙虾肉、带子肉、雪利酒、精盐、鸡精煮5分钟，出锅装碗，撒入香菜末即可。

海鲜烩菌菇

时间 15分钟 口味 鲜香

原料 扇贝肉、大虾各100克，牡蛎、鸡腿菇、红牛肝菌各50克。

调料 精盐1小匙，味精少许，鸡汤、葱油各适量。

制作步骤 Method

1 扇贝肉洗净，切成片；牡蛎洗净，沥水；大虾去皮、去虾线，洗净。

2 鸡腿菇择洗干净，一切两半；红牛肝菌洗净，切成片，同鸡腿菇一起入锅焯水，捞出。

3 锅中加入鸡汤，放入扇贝肉、大虾、牡蛎、鸡腿菇、红牛肝菌煮沸，撇去浮沫，烧烩3分钟，再加入精盐、味精，淋入葱油，装碗即成。

木瓜鲫鱼汤

时间 2小时 口味 鲜甜

原料 活鲫鱼1条（约500克），木瓜250克，干银耳20克，蜜枣15克。

调料 姜片5克，精盐1小匙，植物油1大匙。

制作步骤 Method

1 银耳用清水泡发，去蒂，洗净，撕成小朵；木瓜洗净，去皮及瓤，切成小块；蜜枣洗净，去核。

2 鲫鱼去鳞、去鳃，除内脏，洗净，沥干，再放入热油锅中，加入姜片煎至金黄色，取出。

3 锅中加入适量清水，先下入鲫鱼、银耳、木瓜、蜜枣烧沸，再转小火煲约2小时，然后加入精盐调匀，即可出锅装碗。

拆烩鲢鱼头

 时间 40分钟 口味 鲜香

（原料）鲢鱼头1个，熟鸡肉150克，火腿丝、香菜段各30克。

（调料）葱段、姜片各10克，精盐1/2大匙，味精、胡椒粉各1/2小匙，料酒、米醋各1大匙，鸡清汤800克，植物油2大匙。

（制作步骤）Method

1 鲢鱼头去鳃，洗净，一劈两半，放入清水锅中，加入葱段、姜片、料酒烧至鱼肉离骨时，捞出晾凉，拆净头骨。

2 放入鸡清汤锅中，加入鸡肉、调料烧烩入味，盛入碗中，撒上火腿丝、胡椒粉、香菜段即成。

露笋煮鳝鱼

时间 20分钟 口味 清香

（原料）鳝鱼肉300克，露笋150克，胡萝卜100克，杏仁少许。

（调料）姜块10克，精盐、白糖、鸡精各1/2小匙，胡椒粉、料酒各1小匙。

（制作步骤）Method

1 将鳝鱼肉洗净，切成段，加入精盐腌一下；胡萝卜去皮，洗净，切成小条；露笋洗净，切成段；姜块去皮，洗净，切成细条；杏仁泡好。

2 锅置火上烧热，放入鳝鱼段、鲜姜条干煎一下，再放入胡萝卜、露笋、杏仁。

3 然后加入适量清水、调料烧沸，转小火煮10分钟，出锅装碗即可。

青瓜煮鱼圆

时间 25分钟 口味 鲜香

（原料）净鱼肉蓉200克，青瓜片（黄瓜）100克，胡萝卜片50克，猪肉末20克，鸡蛋1个。

（调料）葱末、姜末各5克，精盐、胡椒粉、白糖、料酒、淀粉、香油各少许，植物油2大匙。

（制作步骤）Method

1 鱼肉蓉放入碗中，加入精盐、料酒、胡椒粉、淀粉、鸡蛋液、少许清水搅拌均匀成鱼糊。

2 锅中加油烧热，将鱼糊用小勺舀入油中，浸养至金黄色，捞入热水中洗去油，捞出装碗。

3 锅留底油烧热，爆香葱末、姜末、猪肉末，加入适量清水，放入青瓜片、胡萝卜片煮透，加入调料，勾芡，淋香油，倒入鱼圆碗中即可。

蓝花蛏肉汤
时间 20分钟 | 口味 鲜香

原料 蛏子500克，西蓝花200克，火腿丝少许。

调料 精盐、面粉、鸡精各少许，清汤适量，黄油2大匙。

制作步骤 Method

1 将蛏子放入淡盐水中浸泡，使其吐净泥沙，洗净，再放入沸水锅中烫至开壳，捞出取肉，冲洗干净；西蓝花掰成小朵，洗净。

2 锅置火上，加入黄油烧至熔化，下入面粉炒匀成油面，再加入清汤烧沸。

3 然后放入蛏子肉、西蓝花、精盐、鸡精煮3分钟，出锅装碗，撒上火腿丝即可。

草菇海鲜汤
时间 15分钟 | 口味 鲜香

原料 蛤蜊200克，墨鱼150克，草菇罐头1瓶，鲜虾5只，小西红柿5个。

调料 葱段20克，精盐、鸡精、胡椒粉各1/2小匙，鱼露1小匙，料酒1大匙，高汤适量。

制作步骤 Method

1 鲜虾去虾须、虾头、虾壳，挑去虾线，洗净；墨鱼去头，切开后洗净，先剞上交叉花刀，再切成小片。

2 蛤蜊放入淡盐水中浸泡，洗净；草菇洗净，切成片；小西红柿洗净，切成片。

3 汤锅置火上，加入高汤烧沸，放入鲜虾、墨鱼片、草菇、小西红柿片、蛤蜊，再加入调料烧沸，煮约5分钟，出锅装碗即可。

清汤花蛤

时间 15分钟　口味 鲜酸

原料 花蛤200克，茴香段少许，柠檬1片。

调料 精盐2小匙，胡椒粉1/2小匙，清汤适量。

制作步骤 *Method*

1 将花蛤放入淡盐水中浸泡，使其吐净泥沙，冲洗干净，捞出沥水。

2 锅中加入清水，放入花蛤煮至壳张开时，捞出，冲洗干净。

3 锅中加入清汤烧沸，放入花蛤、柠檬片，再加入精盐、胡椒粉烧煮入味，撒入茴香段，出锅装碗即可。

参芪鱼头煲

时间 45分钟　口味 香浓

原料 鳙鱼头1个，熟火腿片、冬笋片、水发香菇片各50克，党参、黄芪各10克。

调料 葱段、姜片各少许，精盐、味精各1大匙，胡椒粉1小匙，料酒2小匙，植物油75克。

制作步骤 *Method*

 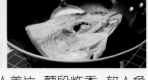

1 将鳙鱼头去鳃，劈成两半，洗净血污，揩干水分；党参、黄芪用纱布包好，放入热水中泡约15分钟。

2 锅中加油烧热，下入姜片、葱段炸香，放入鱼头煎至两面上色，烹入料酒，加入清水烧沸。

3 再加入精盐、胡椒粉，倒入砂锅中，放入纱布包、火腿片、冬笋片和香菇片炖约30分钟，拣出纱布包、姜、葱，加入味精，上桌即可。

灌蟹鱼圆

时间	口味
40分钟	鲜香

原料 净鱼肉250克，蟹子40克，青菜心25克，火腿片15克，鸡蛋清3个。

调料 精盐、姜汁各1小匙，味精、胡椒粉各少许，料酒1大匙，熟鸡油2小匙，熟猪油4大匙，鸡清汤1000克。

制作步骤 Method

1 锅中加油烧至五成热，放入用淀粉拌匀的蟹子炒香。

2 再烹入料酒，加入少许精盐炒匀，盛入碗中晾凉，团成直径约1厘米大小的丸子成馅心。

3 净鱼肉剁成细鱼蓉，放入大碗中，先加入少许鸡清汤打散，再加入少许精盐搅至上劲。

4 然后加入鸡蛋清、姜汁和熟猪油10克，充分搅拌均匀成鱼蓉。

5 取少许鱼蓉，用手按扁，中间包入蟹子馅心，制成鱼圆。

6 锅中加入清水烧温，下入鱼圆用小火煮熟，捞出，装入碗中。

7 净锅置火上，加入鸡清汤、精盐和味精烧沸，再放入青菜心、火腿片和鱼圆烧沸。

8 撇去浮沫，撒入胡椒粉，出锅盛入汤碗中，淋入熟鸡油即成。

烩乌鱼蛋

时间	口味
30分钟	酸辣

原料 乌鱼蛋200克，香菜25克。

调料 姜块50克，大葱25克，精盐、味精、胡椒粉、鸡油、白醋各少许，料酒、水淀粉各2小匙，酱油3大匙，鸡汤500克，熟猪油1大匙。

制作步骤 ●Method

1 香菜取嫩香菜叶，用清水洗净，沥去水分；大葱切成丝；姜块去皮，洗净，一半切成丝，另一半榨成姜汁。

2 乌鱼蛋用温水洗净，去掉脂皮，放入冷水锅中煮沸，捞入冷水盆中浸泡，再揭成圆形小片。

3 然后放入冷水锅中煮至八成开，换水续煮几次以去除咸腥味，捞出沥水。

4 锅置火上，加入熟猪油烧至六成热，先下入姜丝和少许葱丝炝锅。

5 再加入鸡汤烧沸，放入乌鱼蛋片，转小火稍煮，撇去浮沫和杂质。

6 然后加入酱油、料酒、姜汁、精盐、味精调味，用水淀粉勾薄芡。

7 最后加入白醋、胡椒粉搅匀，出锅装碗，撒上香菜叶和葱丝即可。

鱼汤汆北极贝

时间 20分钟　口味 酸香

原料 棒鱼200克, 北极贝80克, 鲜虾、蛤蜊肉各50克。

调料 蒜末5克, 精盐、胡椒粉、料酒、淀粉各少许, 番茄汁、黄油各2大匙, 清汤适量。

制作步骤 Method

1 将棒鱼去头、去内脏, 洗净, 切成段, 裹上淀粉, 入热油锅中炸至微黄色, 捞出控油; 北极贝洗净, 片成片; 蛤蜊肉洗净, 沥水。

2 锅置火上, 加入黄油烧化, 放入蒜末、番茄汁、料酒炒香, 再加入清汤、精盐烧沸。

3 然后放入鱼肉、鲜虾、蛤蜊肉、北极贝汆熟, 撒入胡椒粉, 出锅装碗即可。

清汤鲍鱼丸
时间 15分钟　口味 鲜香

原料 罐头鲍鱼6个, 虾肉丁300克, 芹菜茎75克, 肥肉丁50克, 火腿蓉25克, 鸡蛋清2个。

调料 精盐、味精、胡椒粉、酱油各少许, 上汤适量。

制作步骤 Method

1 鲍鱼用毛巾吸干水分, 切成细丝; 虾肉洗净, 沥干水分, 先用刀背拍扁, 再剁成细蓉。

2 放入碗中, 加入精盐、味精、蛋清搅打成虾胶, 然后加入肥肉丁搅匀, 放入鲍鱼丝拌匀, 制成24粒鲍鱼丸, 放入抹油的盘中。

3 芹菜茎洗净, 放入沸水锅中焯熟, 捞出过凉, 沥干水分, 剁成碎粒, 与火腿蓉分别酿在鲍鱼丸上, 入笼蒸5分钟至熟。

4 锅置火上, 加入上汤、味精、精盐、酱油烧沸, 撇去浮沫, 撒入胡椒粉, 将鲍鱼丸从蒸笼取出, 放入大汤碗中, 再倒入上汤即可。

151

赤豆炖鲤鱼

时间 45分钟　**口味** 咸鲜

原料 鲜鲤鱼1条（约650克），红小豆150克。

调料 葱段、姜片各25克，精盐、味精、料酒各2小匙，白糖75克，米醋3大匙，熟猪油2大匙，鸡汤1000克。

制作步骤 *Method*

1 红小豆洗净，用开水浸泡透；鲤鱼宰杀，洗涤整理干净，在两侧剞上棋盘花刀。

2 锅置火上，加入清水烧沸，放入鲤鱼焯烫片刻，捞出，用清水洗净，揩干水分。

3 锅置火上，加入熟猪油烧热，先下入葱段、姜片炸香，烹入料酒，添入鸡汤烧沸。

4 再放入红小豆炖至软烂，然后放入鲤鱼，加入精盐、味精续炖至鱼熟入味，最后加入白糖，淋入米醋略炖，即可盛出食用。

烩酸辣鱼丝

时间 15分钟　**口味** 酸辣

原料 鲤鱼肉200克，黄瓜丝50克，鸡蛋清1个，香菜叶少许。

调料 葱丝、姜丝各少许，精盐、味精、胡椒粉、淀粉、酱油、料酒、水淀粉、香油各适量，白醋2大匙，熟猪油500克（约耗25克）。

制作步骤 *Method*

1 鲤鱼肉洗净，切成丝，加入蛋清、淀粉抓匀，再放入四成热油锅中滑散、滑透，捞出。

2 锅留底油烧热，爆香葱丝、姜丝，烹入白醋，添入清汤，再加入料酒、酱油、精盐烧沸。

3 然后放入鱼丝、黄瓜丝，加入味精、胡椒粉调味，勾芡，淋香油，撒上香菜叶，装碗即可。

鱼头豆腐汤 时间 90分钟 口味 鲜香

原料 鲤鱼头1个，豆腐400克，猪肉250克，桂圆肉10克。

调料 姜片10克，精盐1/2小匙。

制作步骤 Method

1 将鲤鱼头去鳃，洗涤整理干净，切成两半；猪肉洗净，切成小丁，分别放入沸水锅中焯去血水，捞出沥干；豆腐洗净，切成小方块。

2 锅置火上，加入适量清水烧沸，下入鱼头、猪肉丁、姜片、桂圆肉、豆腐块烧沸。

3 再转小火煲约1.5小时，然后加入精盐调好口味，即可出锅装碗。

冬瓜炖鱼尾 时间 45分钟 口味 香浓

原料 鲩鱼尾、冬瓜各250克，香菜段少许。

调料 葱段、姜片各15克，精盐、白糖、水淀粉各1小匙，料酒1大匙，酱油、米醋各1/2小匙，植物油2大匙。

制作步骤 Method

1 将鲩鱼尾洗净，加入精盐、料酒略腌；冬瓜去皮、去瓤，洗净，切成厚片。

2 锅置火上，加入植物油烧热，放入鲩鱼尾煎至上色，再下入姜片、葱段炒香，加入适量清水，放入冬瓜片。

3 然后加入精盐、料酒、酱油、白糖，转小火炖至入味，淋入米醋，撒入香菜段，出锅装碗即成。

圆肉炖甲鱼 时间 2小时 口味 香嫩

原料 甲鱼1只(250克)，桂圆肉、巴戟各10克，冬虫夏草少许。

调料 精盐适量。

制作步骤 Method

1 将甲鱼宰杀，洗涤整理干净，剁成小块；冬虫夏草、桂圆肉、巴戟分别用清水洗净，沥去水分。

2 将甲鱼肉、桂圆肉、巴戟、冬虫夏草放入炖盅内，再加入适量开水，盖严盅盖。

3 放入沸水锅中，用小火隔水炖约2小时，加入精盐调味，取出上桌即成。

牡丹汆鱼片 时间 15分钟 口味 鲜香

原料 净鲈鱼1条,绿牡丹茶、香菇丝、蛋皮丝、香菜段各50克,春笋丝10克。

调料 葱丝、姜丝各25克,精盐、胡椒粉、白醋、料酒各少许,鸡精、白糖、植物油各1大匙。

制作步骤 Method

1 将鲈鱼取鱼肉,洗净,切成片,加入精盐拌匀略腌;绿牡丹茶叶用开水泡好。

2 锅中加入植物油烧热,下入姜丝爆香,倒入茶汁,再放入香菇丝、春笋丝煮5分钟。

3 然后放入鱼片氽熟,加入调料调味,出锅装碗,撒上蛋皮丝、葱丝、茶叶、香菜段即可。

鲈鱼汤 时间 15分钟 口味 鲜香

原料 鲈鱼1尾,胡萝卜1/2根,香菜梗15克。

调料 大葱1根,姜片少许,精盐1小匙,料酒1大匙,高汤适量。

制作步骤 Method

1 将鲈鱼去鳞、去鳃、除内脏,洗净,斩去鱼头,剔骨取肉,切成小片。

2 大葱洗净,切成丝;胡萝卜去皮,洗净,切成丝;香菜梗洗净,切成段,放在一起拌匀。

3 汤锅置火上,加入高汤烧沸,下入鱼肉片、姜片、料酒氽熟,再加入精盐调味,撒入拌好的三丝,出锅装碗即可。

银鱼豆腐羹 时间 15分钟 口味 鲜香

原料 鲜银鱼150克,豆腐100克,熟冬笋丝、午餐肉丝、熟火腿丝、香菜末各少许,鸡蛋清1个。

调料 精盐、味精、鸡精、胡椒粉、料酒、香油各少许,水淀粉适量,鲜汤1200克。

制作步骤 Method

1 银鱼洗涤整理干净,放入沸水锅中焯烫一下,捞出沥干;豆腐洗净,切成丝,放入沸水锅中略焯,捞出沥干;蛋清放入碗中搅匀。

2 锅中加入鲜汤、精盐、料酒、味精、鸡精、胡椒粉、银鱼、豆腐、冬笋、午餐肉、火腿烧沸。

3 然后淋入蛋清煮匀,用水淀粉勾薄芡,淋入香油,撒上香菜末,即可出锅装碗。

清汤鲍鱼

时间 10分钟 | 口味 鲜香

原料 罐头鲍鱼半听,熟金华火腿片、鲜蘑、豌豆苗各15克。

调料 精盐、料酒各1大匙,味精2小匙,鸡清汤适量。

制作步骤 Method

1 将罐头鲍鱼取出,斜刀切成薄片;鲜蘑去蒂,用清水洗净,沥去水分,斜刀切成片;豌豆苗择洗干净。

2 锅中加入鸡清汤烧沸,分别放入熟火腿片、鲜蘑片、鲍鱼片、豌豆苗烫透,捞入汤碗中。

3 锅中鸡清汤加入料酒、精盐、味精调好口味,撇出浮沫,倒入汤碗中即可。

砂锅炖鱼头

时间 45分钟 | 口味 香浓

原料 鳙鱼头1个(约800克),豆腐2块,水发香菇60克,芹菜段、冬笋片、红干椒各适量。

调料 葱段、姜片、蒜瓣、精盐、味精、白糖、酱油、料酒、米醋、啤酒、鲜汤、植物油各适量。

制作步骤 Method

1 鳙鱼头去鳃,洗净,劈成两半,放入热油锅中冲炸一下,捞出沥油;香菇去蒂,洗净;豆腐洗净,切成片,入锅炸至金黄色,捞出。

2 锅留底油,爆香葱、姜、蒜、红干椒,加入料酒、米醋、酱油、白糖、鲜汤、鱼头、豆腐、香菇。

3 烧沸后倒入砂锅中,加入啤酒、冬笋片,转小火炖熟,加入精盐、味精、芹菜段,上桌即可。

酱汁鲜鱼汤

时间 40分钟 | 口味 咸鲜

原料 鲤鱼头1个(约300克),豆腐1块,柴鱼1小包。

调料 葱末10克,姜片5克,白糖、香油各1/3小匙,酱汁100克。

制作步骤 Method

1 将鲤鱼头去鳃,洗净,剁成大块,放入沸水锅中焯烫一下,捞出沥干;豆腐用清水洗净,切成小块。

2 坐锅点火,加入适量清水,放入白糖、柴鱼,用中火烧沸,再加入姜片、鱼头烧沸。

3 然后放入豆腐块煮滚,倒入酱汁煮至入味,撒上葱末,淋入香油,即可出锅装碗。

红枣甲鱼汤

时间 3 小时　口味 香浓

原料 净甲鱼1/2只(约200克),猪瘦肉150克,红枣12枚,鲜百合20克,麦冬15克。

调料 姜片5克,精盐、料酒各1小匙。

制作步骤 Method

1. 将甲鱼洗净,剁成大块;猪肉洗净,切成小丁,分别下入沸水锅中焯烫一下,捞出冲净;红枣、百合、麦冬用清水浸泡,洗净,沥干。

2. 将甲鱼块、猪肉丁、红枣、百合、麦冬、姜片放入炖盅内,加入料酒和适量清水浸没。

3. 盖上盅盖,再放入烧热的蒸锅中,隔水炖煮3小时,然后加入精盐调匀,即可上桌。

苦瓜带鱼汤

时间 25 分钟　口味 鲜香

原料 带鱼200克,苦瓜100克。

调料 姜片5克,精盐1/2小匙,菠萝酱3大匙,植物油适量。

制作步骤 Method

1. 将苦瓜洗净,对半切开,去籽及内膜,切成菱形块;带鱼洗净,在鱼身两侧各划几刀,剁成段。

2. 锅置火上,加入植物油烧热,下入带鱼段炸酥,捞出沥油。

3. 锅中加入适量清水,放入苦瓜块、姜片和菠萝酱烧沸,再放入炸好的带鱼段,然后加入精盐煮至苦瓜熟透,出锅装碗即可。

泥鳅钻豆腐

时间 30 分钟　口味 咸香

原料 泥鳅鱼350克,豆腐1块,香葱花少许。

调料 花椒10粒,葱花、姜末、蒜片各少许,精盐、味精各1/2小匙,胡椒粉1/3小匙,料酒、酱油各1大匙,香油1/2大匙,熟猪油、清汤各适量。

制作步骤 Method

1. 将泥鳅鱼放入清水中,加入少许精盐,使其吐净腹内污物,洗净,捞出沥干。

2. 锅置火上,加入熟猪油烧热,先下入葱花、姜末、蒜片、花椒粒炝锅,烹入料酒。

3. 再加入酱油、精盐,添入清汤,放入豆腐、泥鳅烧开,转小火炖至熟透,加入味精、胡椒粉,淋入香油,撒上香葱花,即可出锅装碗。

人参枸杞炖鳗鱼

 时间 40分钟　口味 鲜香

原料 鳗鱼500克，参须、枸杞各15克。

调料 葱段、姜片各15克，精盐1小匙，胡椒粉1/2小匙，植物油1大匙；猪骨汤750克。

制作步骤 *Method*

1 将鳗鱼宰杀，用沸水烫去表面黏液，再去鳃、去内脏，洗净，切成长段，然后放入沸水锅中焯透，捞出沥干；参须、枸杞洗净。

2 锅中加入植物油烧热，先下入葱段、姜片炒香，再添入猪骨汤，放入鳗鱼、参须、枸杞。

3 用大火烧沸，然后转小火炖约30分钟至汤色变白时，加入精盐、胡椒粉调好口味，即可装碗上桌。

玉米枸杞煲鱼头

时间 50分钟　口味 鲜浓

原料 花鲢鱼头1个（约750克），玉米段200克，枸杞子、香菜段各5克。

调料 葱段、姜片各10克，精盐、胡椒粉、鸡精、料酒各2小匙，味精1小匙，葱姜汁、香油各1大匙，熟猪油2大匙。

制作步骤 *Method*

1 将花鲢鱼头去鳃，洗净，切成两半，加入料酒、葱姜汁、精盐腌约10分钟，入锅烫一下，捞出，洗净；玉米段用沸水焯烫一下，捞出。

2 锅中加入熟猪油烧热，先下入姜片、葱段炸香，再添入适量清水，加入精盐、料酒、胡椒粉烧沸。

3 然后放入鱼头、玉米段，转中火炖至熟透，拣出葱段、姜片，最后加入味精、鸡精调味，盛入汤盆内，淋入香油，放上枸杞子即成。

鲫鱼豆芽汤
时间 35分钟 口味 鲜香

原料 鲫鱼1条, 黄豆芽60克。

调料 姜片15克, 精盐、胡椒粉各1/3小匙, 猪骨汤500克。

制作步骤 *Method*

1. 将鲫鱼去鳞、去鳃, 除去内脏, 洗涤整理干净; 黄豆芽漂洗干净, 同鲫鱼分别放入沸水锅中焯烫一下, 捞出沥干。

2. 坐锅点火, 加入猪骨汤, 放入姜片、鲫鱼、黄豆芽, 用大火煮开。

3. 再加入精盐、胡椒粉, 转小火煮至鲫鱼熟烂, 即可出锅装碗。

奶汤鲤鱼
时间 50分钟 口味 香浓

原料 鲜鲤鱼1条 (约1000克), 冬笋尖片100克, 鸡蛋清2个, 青蒜苗段、香菜段各10克。

调料 姜片、葱段各10克, 精盐、料酒各2小匙, 胡椒粉4小匙, 味精、香油各1大匙, 淀粉5小匙, 熟猪油2大匙。

制作步骤 *Method*

1. 鲜鲤鱼去鳞、去鳃, 剖腹去内脏, 洗净血污, 沿脊骨片下净肉, 再用坡刀切成厚片。

2. 用清水洗净, 沥干水分, 放入大碗中, 加入鸡蛋清、料酒、精盐、味精和淀粉抓匀上浆。

3. 锅中加入熟猪油烧热, 先下入姜片、葱段炸香, 添入适量清水, 放入鱼头和鱼骨烧沸。

4. 炖至汤汁乳白时, 拣出葱段、姜片, 再放入笋片和鱼片炖至鱼肉熟透。

5. 然后加入精盐、味精、胡椒粉调味, 倒在汤盆内, 淋入香油, 撒上香菜段、蒜苗段即成。

蛤蜊蛋汤

时间	口味
60分钟	鲜香

原料 蛤蜊500克, 冬笋25克, 鸡蛋2个, 木耳少许。

调料 精盐、味精、料酒各适量。

制作步骤 · Method

1 鸡蛋磕入碗中, 用筷子打散; 木耳用清水泡发, 择洗干净。

2 冬笋切成菱形片, 与木耳一起放入沸水锅内焯烫一下, 捞出沥水。

3 蛤蜊刷洗干净, 放入容器内, 撒上少许精盐, 加入适量清水, 滴入2滴食用油, 浸养至蛤蜊吐净肚内泥沙, 洗净, 沥水。

4 锅置旺火上, 加入清水烧沸, 放入蛤蜊煮至壳自动张开, 捞出。

5 用小刀挖出蛤蜊肉, 煮蛤蜊的汤汁倒入碗中澄清待用。

6 锅置火上, 倒入煮蛤蜊的原汤烧沸, 放入冬笋片和木耳块, 用小火稍煮片刻。

7 再加入料酒、精盐和味精煮匀入味, 然后放入蛤蜊肉。

8 最后淋入打散的鸡蛋液煮至凝结, 出锅倒入汤碗中即可。

图书在版编目（ＣＩＰ）数据

滋养汤煲王 / 马敬泽主编. -- 长春：吉林科学技术
出版社，2013.4
ISBN 978-7-5384-6678-2

Ⅰ．①滋… Ⅱ．①马… Ⅲ．①保健－汤菜－菜谱
Ⅳ．①TS972.122

中国版本图书馆CIP数据核字(2013)第066176号

滋养汤煲王

主　　编	马敬泽	
出 版 人	李　梁	
选题策划	车　强	
责任编辑	郝沛龙	
封面设计	精彩图文工作室	
制　　版	精彩图文工作室	
开　　本	710mm×1000mm　1/16	
字　　数	150千字	
印　　张	10	
印　　数	1—15000册	
版　　次	2013年4月第1版	
印　　次	2013年4月第1次印刷	

出　　版　吉林出版集团
　　　　　吉林科学技术出版社
发　　行　吉林科学技术出版社
地　　址　长春市人民大街4646号
邮　　编　130021
发行部电话/传真　0431-85677817　85635177　85651759
　　　　　　　　　85651628　85600611　85670016
储运部电话　0431-84612872
编辑部电话　0431-86037570
网　　址　www.jlstp.net
印　　刷　长春新华印刷集团有限公司

书　　号　ISBN 978-7-5384-6678-2
定　　价　18.00元
如有印装质量问题可寄出版社调换